国家重点研发计划项目
执行百问

Questions and Answers for the Implementation of
National Key R&D Program of China

吴 鸣 郑 楠 张兆华 编著

科学出版社

北 京

内 容 简 介

本书从项目团队的角度出发，梳理并回答了国家重点研发计划项目从申报、执行到综合绩效评价各阶段可能遇到的各种类型的问题。全书共分为八篇，分别为申报篇、角色篇、执行篇、成果篇、测试篇、数据篇、财务篇、评价篇，总结并提出了在项目申报、执行、综合绩效评价全过程中出现的角色定位和职责、推进与调整、研究成果及知识产权、测试评议、科学数据汇交、财务管理等方面遇到的问题，并进行了分析与解答。

本书可作为参与或计划申报国家重点研发计划项目的科研人员、项目管理人员的参考用书，也可供相关管理部门、科研机构、咨询机构、高等院校、科技企业及关心国家科技项目的人员参考。

图书在版编目（CIP）数据

国家重点研发计划项目执行百问 / 吴鸣，郑楠，张兆华编著. — 北京：科学出版社，2023.1

ISBN 978-7-03-074004-5

Ⅰ.①国… Ⅱ.①吴… ②郑… ③张… Ⅲ.①科学研究—项目管理—问题解答 Ⅳ.①G311-44

中国版本图书馆 CIP 数据核字（2022）第 226854 号

责任编辑：范运年 / 责任校对：王萌萌
责任印制：赵 博 / 封面设计：赫 健

科 学 出 版 社 出版
北京东黄城根北街 16 号
邮政编码：100717
http://www.sciencep.com
北京虎彩文化传播有限公司印刷
科学出版社发行 各地新华书店经销

＊

2023 年 1 月第 一 版 开本：787×1092 1/16
2024 年 5 月第四次印刷 印张：11
字数：255 000
定价：98.00 元
（如有印装质量问题，我社负责调换）

本书总体结构

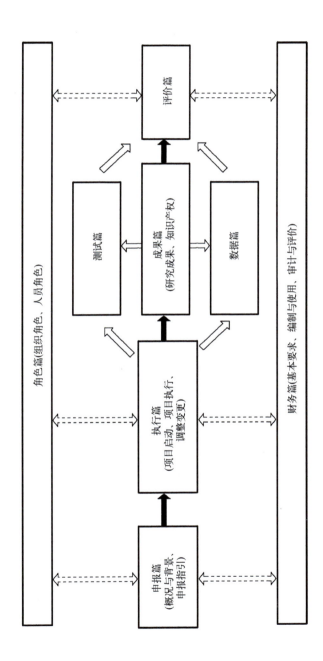

角色篇(组织角色、人员角色)

申报篇(概况与背景、申报指引)

执行篇(项目启动、项目执行、调整变更)

测试篇

成果篇(研究成果、知识产权)

数据篇

评价篇

财务篇(基本要求、编制与使用、审计与评价)

前　言

随着时代的进步，从"科学"到"技术"再到"市场"演进周期缩短，各研发阶段边界模糊，技术更新和成果转化更加快捷。为适应新技术革命和产业变革的要求，需要着力改变现有传统科技计划按不同研发阶段设置和部署的做法。国家重点研发计划，正是适应时代的一个新生事物，其凝练设立的项目，瞄准国民经济和社会发展各主要领域的重大、核心、关键科技问题，按照基础前沿、重大共性关键技术到应用示范进行全链条重新设计，组织产学研优势力量协同攻关。

"十三五"期间，国家启动了国家重点研发计划，中国电力科学研究院微电网团队成功申报首批国家重点研发计划项目"分布式可再生能源发电集群灵活并网关键技术及示范应用"（简称"国重1.3"），聚焦"光伏扶贫"这一重大民生工程，针对大量分布式可再生能源发电无序接入电网带来的并网、调控、消纳等问题，从源网协同规划、并网关键设备、光伏集群调控等方面展开深入研究，在国家电网公司等单位的支持下，取得了一系列原创性成果，突破了高比例分布式发电灵活并网与高效消纳的关键科学技术难题，建成了安徽省金寨区域分散型和浙江海宁区域集中型两大示范工程，形成了一整套具有自主知识产权的分布式可再生能源发电集群灵活并网技术体系。

立项之初，项目负责人盛万兴就思考布局项目核心技术内容，部署工程示范，始终保证项目在正确方向上前进；吴鸣作为项目联系人和课题负责人，主要负责项目推进、协调与组织工作以及关键装置的研发攻关；季宇在承担研发任务的同时，编制了大量项目汇报材料；郑楠作为项目管理的核心人员，在参与研究工作的同时，统计核查汇编各类型文档资料，积极思考，首创了很多行之有效的管理措施和文档表格，为项目高质量完成做了重大贡献；宋振浩在核心装置研发与示范工程建设中发挥了重要作用；寇凌峰、孙丽敬、李洋、梁惠施在项目申报、预算编制、技术研发、报告编写中做了大量工作。项目核心成员金炜、潘静、郭力、吴文传、顾伟、杜晓峰、王刘芳、陈锋、徐斌、郁家麟、施海峰、余述良、刘邦银、吴红斌、丁津津、骆晨等，以及我们的同事苏剑、刘海涛、梁英、郭剑、吕广宪、于辉、吕志鹏、丁保迪、蔺圣杰、刘国宇、牛耕、熊雄、张颖等都做出重要的贡献或对项目给予了重大支持，非常抱歉不能在这里一一点出心中大家的姓名！

事非经过不知难。面对国家重点研发计划这一新生事物，我们在项目推进和管理过程中遇到很多困惑和难题，我们也做了很多尝试和探索，有成功，也遇到过挫折。虽然我们圆满完成了项目的全部工作，成为"十三五"首批通过综合绩效评价的项目，仍有许多经验与教训值得认真总结。很多单位、很多项目组非常关注我们项目的全过程执行情况，大家遇到的困难有的和我们一样，有的还有新的困惑，这些都一定程度妨碍了国家项目的高质量执行。于是，我们决定写这本书，为广大国家重点研发计划的科研和管理人员工作的优化与提升，尽我们一点绵薄之力，为共同推进我国的科技事业做出更大的贡献。

全书共分为八篇，分别为申报篇、角色篇、执行篇、成果篇、测试篇、数据篇、财务篇、评价篇，系统回答了国家重点研发计划从项目申报到项目综合绩效评价全过程可能遇到的各类问题，内容翔实、逻辑清晰、条理分明，力争做到"有用、实用、好用"。本书主要由吴鸣、郑楠撰写，张兆华参与了申报篇、执行篇的撰写。刘嘉对本书的主要章节内容、邵莉对财务篇进行了审核，并提出宝贵的修改意见。

在本书编写过程中，得到了科技部、工信部、中国科学院、国家电网公司等单位领导、专家的支持与鼓励，很多领导和专家都表示这是一件好事，很实用，很有意义，同时提出了非常宝贵的意见和建议；非常感谢科技部相关专业司局领导的指导；非常感谢郭剑波、王成山、刘英军、刘嘉、刘建明、李崇坚、韦巍、修建、赵鹏、高克利、汤涌、王继业、刘壮志、刘前卫、谢铭等专家领导对我们的项目执行和本书的关怀与指导，非常感谢叶冠豪、张巧显、李拓、刘翔、徐小俊、邢志鹏、黄志平、王维俊、郝军、别朝红、王轲、范运年、杨子龙、贺毅、张洪辉、郝斌、孙金颖、田子建、李民赞、史翊翔、仝杰、马士聪、刘海军、王文博、裴志伟、韩筛根、韦涛、胡转娣、张海、屈小云、高春嘉、陈文波等对本书内容提供了宝贵的参考意见与建议，非常感谢邵莉、孙建国、栾艳等财务专家的悉心指导，非常感谢陈梅、许海清、孙华东、王伟胜、严胜、宁昕、陈伟、李蒙、郝木凯、周俊、康重庆、李泓、毕天姝、来小康、王一波、颜湘武、裴玮、和敬涵、张伟、肖小清、袁宇波、张宁、吴在军、涂春明、丛琳、邱丽君、魏林君、赵婷、刘晓娟、于洪雨、马清秀、陈洪波、赵炎、朱越、刘芸等对我们工作的大力支持。

由于国家相关管理办法的不断更新与调整，同时限于作者的水平和经验，书中难免有许多不足和有待改进的地方，恳请读者多多批评指正。

需要特别说明的是，本书内容为作者的经验和观点分享，仅供参考，不作为项目申报、执行及管理的依据。

作　者
2022 年 11 月 24 日

目　　录

第1篇 申 报 篇

本篇导读

国家重点研发计划代表了我国科研项目的前沿水平，引领所在领域的发展，项目申报竞争激烈，如何在众多优秀的科研团队中脱颖而出，成功申报项目，项目团队一定要做好充分充足的准备，统一思想，凝聚共识，明确分工。项目团队既要有较高的政治站位和全局意识，对项目指南有深刻的理解；也要清楚项目申报的流程和要求，充分展示项目团队的担当意识和团队实力。

认真学习与领悟指南，细致全面地做好各项工作是项目成功申报的关键。本篇分概况与背景、申报指引两部分进行介绍，共计 21 个问题，希望能够为项目申报提供一定的参考，为项目的顺利启航打下良好的基础。

一、概况与背景

1. 国家重点研发计划是什么？

答

　　根据国家战略需求、政府科技管理职能和科技创新规律，国务院将中央各部门管理的科技计划（专项、基金等）整合形成五类科技计划（专项、基金等），包括国家自然科学基金、国家科技重大专项、国家重点研发计划、技术创新引导专项（基金）、基地和人才专项等。

　　国家重点研发计划由原来的国家重点基础研究发展计划（973 计划）、国家高技术研究发展计划（863 计划）、国家科技支撑计划、国际科技合作与交流专项、产业技术研究与开发基金和公益性行业科研专项等整合而成。该计划根据国民经济和社会发展重大需求及科技发展优先领域，凝练形成若干目标明确、边界清晰的重点专项，由科技部等各部门及相关单位共同凝练科技需求、共同设计研发任务、共同组织项目实施。

　　国家重点研发计划针对事关国计民生的农业、能源资源、生态环境、健康等领域中需要长期演进的重大社会公益性研究，以及事关产业核心竞争力、整体自主创新能力和国家安全的战略性、基础性、前瞻性重大科学问题、重大共性关键技术和产品、重大国际科技合作，按照重点专项组织实施，加强跨部门、跨行业、跨区域研发布局和协同创新，为国民经济和社会发展主要领域提供持续性的支撑和引领。

2. 国家重点研发计划项目申报指南是如何产生和发布的？

答

　　根据《国务院印发关于深化中央财政科技计划（专项、基金等）管理改革方案的通知》（国发〔2014〕64 号）和《国家重点研发计划管理暂行办法》等相关规定，科技部会同各相关部门组织开展国家重点研发计划年度项目申报指南的编制工作。

（1）确定指南编制范围。指南编制范围为国家重点研发计划已启动但尚未实施期满的相关重点专项，及当年拟启动的重点专项，指南编制主要依据重点专项的实施方案。

（2）组建年度指南编制工作组。科技部各司局会同专项参与部门、地方和相关专业机构，组建指南编制工作组，共同组织专家编制年度指南。

（3）组建年度指南编制专家组。指南编制专家组体现代表性、专业性、开放性，来自同一单位的专家原则上不超过1人。专家组成员每年进行一定比例的轮换，指南编制专家不得申报和评审本人参与编制指南的专项。

（4）开展指南的论证与编写工作。多方征求意见与建议，指南编制过程组织相关行业部门根据国家发展战略发展规划进行对标审题，组织行业领军企业、产业联盟或用户代表等针对产业发展面临的重大瓶颈问题进行对标审题，必要时组织有关方面代表深入交流、充分讨论、凝聚共识，共同完善指南。

充分征求高等学校、科研院所、企业、相关部门、协会、学会、地方等有关方面意见，非涉密、非敏感指南的征求意见稿在国家科技管理信息系统公共服务平台上征求意见。

（5）组织开展指南审核评估。科技部相关部门委托第三方专业评估机构，组织专家分领域分专项对指南进行审核与评价，提出修改完善建议，并及时反馈至科技部专业司局。

（6）指南编制工作组修改完善指南，提请科技部相关部门进行审议，审议通过后的指南，通过国家科技管理信息系统发布。

3. 国家重点研发计划项目包括哪些类型？

国家重点研发计划以目标为导向，从基础前沿、重大共性关键技术、应用示范进行全链条创新设计，一体化组织实施。

基础研究类项目旨在提升我国原始创新能力和科技长远发展能力，依据国家重大战略需求和世界科技发展趋势，充分发挥各类国家级科研基地的作用。

技术开发类项目重点关注在多个行业或领域广泛应用，并对整个或多个产业形成瓶颈制约作用的技术，通过关键技术创新，支撑引领行业发展，实现生产率的提升。

应用示范类项目以规模化应用、行业内推广为导向，在实用性强、经济效益高、社会效益明显的环节，通过示范带动技术提升、产品创新，打造产业链。强化模式建设，形成可复制、可推广的应用模式。

4. 国家重点研发计划项目实施模式包括哪些？

答

国家重点研发计划项目主要运用公开择优、定向择优、定向委托三种方式遴选项目承担单位。具体的实施模式主要包括常规模式、揭榜挂帅、青年科学家、部省联动、科技型中小企业、赛马争先、应急攻关、其他模式等类型。

国家重点研发计划的申报及管理模式一般为常规模式（本书主要介绍的是常规模式），"十四五"重点研发计划根据相关科技管理改革举措，若干专项设立了"揭榜挂帅"榜单任务、青年科学家项目、"赛马争先"项目。

(1) "揭榜挂帅"项目：聚焦国家战略亟需、应用导向鲜明、最终用户明确的攻关任务，采用签订"军令状""里程碑"考核等管理方式，强化重大创新成果的实战性。对揭榜单位无注册时间要求，对揭榜团队负责人无年龄、学历和职称要求。申报时预算只需填写拟申请国拨经费总额，评审时取消预算评估；成功揭榜并签署任务书时，仅对预算进行合规性审核。

(2) 青年科学家项目：为给青年科研人员创造更多机会组织实施国家目标导向的重大研发任务。根据领域和专项特点，采取专设青年科学家项目或项目下专设青年科学家课题等多种方式。青年科学家项目不下设课题，对负责人有年龄限制，原则上不再组织预算评估，鼓励青年科学家大胆探索更具创新性和颠覆性的新方法、新路径，更好地服务于专项总体目标的实现。

(3) 部省联动项目：部分专项任务结合国家重大战略部署和区域产业发展重大需求，采取部省联动方式实施，由部门和地方共同凝练需求、联合投入、协同管理，地方出台专门政策承接项目成果，在项目组织实施中一体化推动重大科技成果产出和落地转化。

(4) "赛马争先"项目：对于研究意义重大但研发风险高，或时限要求紧迫的科研攻关任务，可面向不同技术路线同时支持两支以上研发团队，实施竞争性支持，开展节点考核，根据节点绩效动态调整聚焦任务目标，确保有研究团队能最终"冲线"。

二、申报指引

5．项目申报主要包括哪些阶段？需要多长时间？

指南正式发布后，项目申报正式开始，一般分为预申报阶段和正式申报阶段。申报流程详见图1-1。

1)预申报阶段

(1) 申请申报账号：申请人及所在单位在国家科技管理信息系统公共服务平台完成注册，申请申报账号，创建项目并完成授权。

(2) 预申报书的编制与提交，项目负责人及项目牵头单位负责组织编制预申报书，并提交至单位管理员，再由单位管理员提交（建议留给单位管理员一定的审核和提交时间，保障按时完成提交），经推荐部门审核等程序后，提交至项目管理专业机构。从指南发布日到预申报书受理截止日一般不少于50天。

(3) 预申报书的形式审查和评审，由项目管理专业机构组织。

形式审查的内容主要包括申报书填写格式是否完整、申报人资格是否符合、申报单位资格是否符合等。申报单位同一个项目只能通过单个推荐单位申报，不得多头申报和重复申报。

预申报书的评审一般采取网络评审、通讯评审等方式，不需要项目负责人进行答辩。

(4) 预申报书评审结果在国家科技管理信息系统公共服务平台中反馈，项目管理专业机构发布正式申报书编制的通知。

2)正式申报阶段

(1) 项目申报书的编制与提交。项目负责人及项目牵头单位负责组织编写项目申报书，在国家科技管理信息系统公共服务平台提交至单位管理员，经单位管理员审核后提交。从专业机构发布申报书编制的通知开始到申报书提交，一般时间为30天。

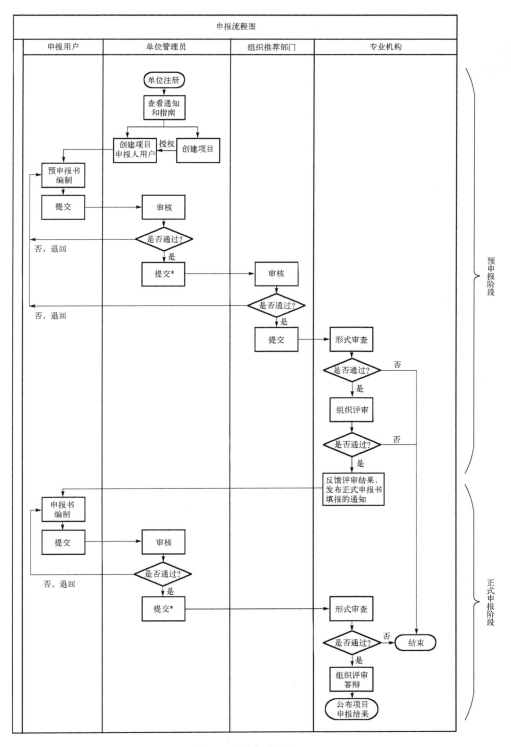

图 1-1 申报流程图

（2）项目申报书的评审与答辩。专业机构对进入答辩评审的项目申报书进行形式审查，并组织答辩评审（与预算审核合并进行）。申报项目的负责人通过网络视频进行报告答辩，根据专家评议情况择优立项。

（3）公布项目申报结果。评审结果在国家科技管理信息系统公共服务平台中反馈。

全部申报流程实行网上填报，项目管理专业机构将以网上填报的申报书作为后续形式审查、项目评审的依据。申报材料中所需的附件材料，全部以电子扫描件上传。材料报送以项目申报指南的通知要求为准。

6. 项目申报过程主要包括哪些工作？

项目申报一般包括以下工作。

（1）组建项目团队。项目牵头单位根据指南相关申报要求，明确项目负责人、项目参与单位及课题负责人。

（2）编制项目（预）申报书。项目牵头单位通过国家科技管理信息系统公共服务平台填写并提交项目（预）申报书。

项目牵头申报单位应与所有参与单位签署联合申报协议，并明确协议签署时间；项目牵头申报单位、课题申报单位、项目负责人及课题负责人必须签署诚信承诺书。

（3）（预）申报书须经相关单位推荐，各推荐单位对所推荐的项目材料审核后，按时将推荐项目通过国家科技管理信息系统公共服务平台统一报送。

（4）专业机构受理项目（预）申报，为确保合理的竞争度，对于非定向申报的单个指南方向，若申报团队数量不多于拟支持的项目数量，该指南方向不启动后续项目评审立项程序（"揭榜挂帅"项目、青年科学家项目除外），择期重新研究发布指南。

对于定向项目，专业机构在受理项目申报后，组织形式审查，并组织答辩评审，申报项目的负责人进行报告答辩。根据专家评议情况择优立项。

对于非定向项目，专业机构根据项目申报情况开展首轮评审工作，首轮评审不需要项目负责人进行答辩。根据专家的评审结果，遴选出 3~4 倍于拟立项数量的申报项目，进入答辩评审。评审结果在国家科技管理信息系统公共服务平台中反馈。

非定向项目申报单位在接到专业机构关于进入答辩评审的通知后，通过国家科技管理信息系统填写并提交项目正式申报书。正式申报书受理时间一般为 30 天。

(5) 形式审查与答辩评审。专业机构对进入答辩评审的非定向项目申报书进行形式审查，并组织答辩评审。申报项目的负责人通过网络视频进行报告答辩。专业机构根据专家评议情况择优立项。对于支持 1~2 项的指南方向，原则上只支持 1 项，如答辩评审结果前两位的申报项目评价相近，且技术路线明显不同，可同时立项支持，并建立动态调整机制，结合过程管理开展中期评估，根据评估结果确定后续支持方式。

7．项目申报单位的资格有什么要求？

答

项目牵头申报单位和参与单位资格要求以指南为准，一般为中国大陆境内注册的科研院所、高等学校和企业等法人单位，或由内地与香港、内地与澳门科技合作委员会协商确定的港澳科研单位。

申报单位具有独立法人资格，单位注册时间应满 1 年以上，有较强的科技研发能力和条件，运行管理规范。国家机关不得牵头或参与申报。

项目牵头申报单位、参与单位及团队成员诚信状况良好，无在惩戒执行期内的科研严重失信行为记录和相关社会领域信用"黑名单"记录。

申报单位同一个项目只能通过单个推荐单位申报，不得多头申报和重复申报。

8．项目(课题)负责人的资格要求是什么？

答

项目（课题）负责人原则上应为该项目（课题）主体研究思路的提出者和实际主持研究的科技人员。

中央和地方各级国家机关的公务人员（包括行使科技计划管理职能的其他人员）不得申报项目（课题）。参与重点专项实施方案或本年度项目指南编制的专家，原则上不能申报该重点专项项目（课题）。

受聘于内地单位的外籍科学家及港、澳、台地区科学家可作为项目（课题）负责人，全职受聘人员须由内地聘用单位提供全职聘用的有效材料，非全职受聘人员须由双方单位同时提供聘用的有效材料，并作为项目预申报材料一并提交。

一般情况下，项目（课题）负责人须具有高级职称或博士学位，年龄在 60 周岁及以下，且每年用于项目的工作时间不得少于 6 个月。

对于青年科学家项目，基础研究领域的，团队年龄要求男性 35 周岁以下，女性 38 周岁以下；其他领域的，要求男性 38 周岁以下，女性 40 周岁以下。特殊情况需要突破年龄限制，应说明具体理由。

对于揭榜挂帅项目，项目负责人无年龄、学历和职称要求。

项目（课题）负责人及所在单位诚信状况良好，无在惩戒执行期内的科研严重失信行为记录和相关社会领域信用"黑名单"记录。

9. 项目(课题)负责人、骨干、其他研究人员限项要求是什么？

项目（课题）负责人限牵头申报 1 个项目（课题），项目负责人同时可以作为该项目下设的其中一个课题负责人。

国家科技重大专项、国家重点研发计划、科技创新 2030—重大项目的在研项目负责人不得牵头或参与申报项目（课题）；在研课题负责人可以参与申报项目（课题），但不得牵头申报项目（课题）；在研项目（课题）骨干可以牵头或参与申报项目（课题）。

项目（课题）负责人、项目骨干的申报项目（课题）和国家科技重大专项、国家重点研发计划、科技创新 2030—重大项目的在研项目（课题）总数不得超过 2 个，即在研项目（课题）达到 2 个的项目（课题）负责人、项目骨干均不得牵头或参与申报新的国家重点研发计划项目。

国家科技重大专项、国家重点研发计划、科技创新 2030—重大项目的在研项目（课题）负责人、项目骨干不得因申报新项目而退出在研项目；退出项目研发团队后，在原项目执行期内原则上不得牵头或参与申报新的国家重点研发计划项目。

在项目形式审查中发现项目（课题）负责人存在限项的情况，项目将按相关规定予以终止。

项目任务书执行期（包括延期后的执行期）在当年结束的在研项目（课题）一般不在限项范围内，具体要求以发布的指南为准。

其他研究人员目前没有明确的限项要求，但是需要注意同时参加多个项目的人员，每年工作月数合计不应超过 12 个月。

鉴于政府间国际科技创新合作重点专项组织实施的特殊性，政府间国际科技创新合作重点专项中央财政专项资金预算不超过 400 万元的项目，与其他重点专项项目（课题）人员互不查重。

自 2023 年 1 月 1 日起，国家重点研发计划项目、科技创新 2030—重大项目、国家自然科学基金重大项目等，在立项过程中要建立联合审查机制，避免重复申报，确保科研人员有充足时间投入研发工作。

具体的限项要求以发布项目申报指南的通知为准。

《科技部办公厅 财政部办公厅 自然科学基金委办公室〈关于进一步加强统筹国家科技计划项目立项管理工作的通知〉》（国科办资〔2022〕107 号）中指出：

二、实施范围

为进一步加强宏观统筹，自 2023 年 1 月 1 日起，以下国家科技计划项目在立项过程中要建立联合审查机制，避免重复申报，确保科研人员有充足时间投入研发工作。

——国家重点研发计划项目（不含青年科学家项目、科技型中小企业项目、国际合作类项目；限项目负责人和课题负责人）。

——科技创新 2030—重大项目（不含青年科学家项目；限项目负责人和课题负责人）。

——国家自然科学基金重大项目（限项目负责人和课题负责人）、基础科学中心项目（限学术带头人和骨干成员）、国家重大科研仪器研制项目（限部门推荐项目的项目负责人和具有高级职称的主要参与者）。

三、具体规定

科研人员和项目管理机构在申请或受理项目时，按以下规定和要求执行。

1. 项目管理机构在受理相关国家科技计划项目申请时，对项目（课题）负责人等人员进行联合审查，科研人员同期申请和承担的项目（课题）数原则上不得超过 2 项，当年执行期满的项目（课题）不计入统计范围。

为更好加强统筹，科研人员同期申请和承担国家重大科研仪器研制项目（含国家重大科研仪器设备研制专项项目）和国家重点研发计划"重大科学仪器设备开发"重点专项、"基础科研条件与重大科学仪器设备研发"重点专项（科学仪器方向）项目（课题）原则上不得超过 1 项。

2．在申请相关国家科技计划项目前，有关单位或科研人员可通过国家科技管理信息系统查询相关人员同期申请和承担项目情况，确保符合相关限项要求。

3．项目申报截止进入形式审查阶段，项目管理机构首先审核相关人员是否满足所申请项目单独规定的限项要求。在此基础上，再对相关人员进行联合审查。

4．对于不符合要求的项目申请，按形式审查不通过处理，不进入后续环节。对于已完成评审立项程序的项目申请，项目管理机构要及时向相关项目（课题）负责人反馈评审结果，并在管理系统中同步更新其申请和承担项目的有关信息，确保科研人员在符合条件的情况下，可参与后续其他项目的申请。

5．对于通过弄虚作假、故意隐瞒等违法违规手段，恶意规避联合限项并通过审查的，按照《科学技术活动违规行为处理暂行规定》（科技部 19 号令）有关规定处理。

为进一步强化各类科技计划的统筹实施，三部门将开展联合查重工作，坚持各类科技计划定位，不断优化布局、加强衔接，避免重复部署，全面提高国家科技计划资金的配置效率，提升财政科技投入效能。

10．如何组建项目团队？

国家重点研发计划项目体量相对较大，研究内容多，任务重，要求高，强调跨部门、跨行业、跨区域研发布局和协同创新，组建一支优秀的团队，对高质量完成项目至关重要。

项目团队组成单位必须满足申报项目的基本资格要求和承担单位数量要求，同时建议重点把握以下几点。

（1）团队研发能力满足指南要求。团队成员应优先选择在各自擅长的领域或方向基础扎实、业绩突出的单位，避免出现团队无法承担、不能完成任务的情况，禁止研究任务外委或外包。

（2）**团队成员之间能力互补**。团队应具备指南方向要求的专业知识深度和广度，团队成员在理论研究、技术攻关、装备研发、示范应用等方面各具特色，实现优势互补。

（3）**团队目标与分工明确**。团队对于目标高度认同，通过相互协作发挥出最佳的协同效应。明确团队成员各自担负的职责与任务，避免不必要的重叠和交叉。

一般情况下，基础前沿类项目，每个项目下设课题数不超过 4 个，参与单位总数不超过 6 家；共性技术类和应用示范类项目，每个项目下设课题数不超过 5 个，参与单位总数不超过 10 家。青年科学家项目不下设课题，参加单位原则上不超过 3 家。

具体的下设课题数和参与单位总数等要求以指南为准。

11. 联合申报协议要体现哪些内容？

答

为了组建项目申报团队，申报时项目牵头单位需要与所有参与单位签订联合申报协议，确定共同申报的相关事项，明确各方的职责和义务。申报单位签署协议时进行必要的审查。

预申报的联合申报协议一般要明确共同申报意向，协议中应有所有单位盖章、项目及所有课题负责人签字，并签署时间。

正式申报的联合申报协议由项目申报单位与参加单位之间逐一签署，需明确各单位的任务分工、研究内容、考核指标、经费分配、成果归属等，且需项目申报单位、项目参与单位盖章，项目负责人、课题负责人签字，明确协议签署时间。

如果预申报时签订的联合申报协议内容齐全，且参与单位没有变化，则正式申报时不需要重新签订联合申报协议。如果有新增单位，则需要补充新的联合申报协议。

如果项目成功立项，在上传任务书时，需要上传合作协议，如果联合申报协议已涵盖合作协议书的各项内容，且协议内容没有变化，项目组可以以联合申报协议作为合作协议书上传，具体以项目管理专业机构、项目牵头承担单位要求为准。

12. 哪些单位可以作为推荐单位?

(1) 国务院有关部门科技主管司局,如国务院国有资产监督管理委员会科技创新局、工业和信息化部科技司等。

(2) 各省、自治区、直辖市、计划单列市及新疆生产建设兵团科技主管部门,如北京市科学技术委员会、西藏自治区科学技术厅等。

(3) 原工业部门转制成立的行业协会,包括中国建筑材料联合会、中国机械工业联合会、中国石油和化学工业联合会、中国有色金属工业协会、中国钢铁工业协会、中国纺织工业联合会、中国煤炭工业协会、中国轻工业联合会。

(4) 纳入科技部试点范围并且评估结果为 A 类的产业技术创新战略联盟,以及纳入科技部、财政部开展的科技服务业创新发展行业试点联盟。

各推荐单位应在本单位职能和业务范围内推荐,并对所推荐项目的真实性等负责。

推荐单位名单在国家科技管理信息系统公共服务平台公开发布。

13. 编写预申报书需要注意哪些事项?

答

对于非定向项目,项目申报单位根据指南相关申报要求,通过国家科技管理信息系统公共服务平台填写并提交 3000 字左右的项目预申报书,重点关注以下事项。

(1) 预申报书应紧密围绕指南,全面覆盖指南要求,凝练拟解决的重大科学问题或关键技术,阐述项目研究重点和课题设置方案,提出预期目标与考核指标,各项指标应明确、可考核。

(2) 预申报书重点说明拟解决的关键科学问题、关键技术和研究目标,论述主要研究内容,突出创新点,重点展示研究工作基础和项目负责人研究背景。

(3) 预申报书应确定项目经费预算总额,包括中央财政专项资金和其他来源资金,其他来源资金金额需满足指南要求(一般需要提供其他来源资金证明)。

（4）预申报书应包括相关协议和承诺。项目牵头申报单位应与所有参与单位签署联合申报协议，并明确协议签署时间；项目牵头申报单位、课题申报单位、项目负责人及课题负责人必须签署诚信承诺书，项目牵头申报单位及所有参与单位要落实《关于进一步加强科研诚信建设的若干意见》《关于进一步弘扬科学家精神加强作风和学风建设的意见》要求，加强对申报材料审核把关，杜绝夸大不实，甚至弄虚作假。

提醒一下，无论是项目预申报书还是后续的正式申报书，指标都不能不切实际，设置过高（在任务书编制和项目执行阶段，指标不能比申报书低）。

14．编写项目正式申报书需要注意哪些事项？

收到项目管理专业机构发布的申报书编写通知后，项目负责人和项目牵头单位组织编写项目申报书。申报书填写应以预申报书内容为基础，不得降低考核指标，不得自行调整主要研究内容，但可进一步具体细化。申报书的内容作为项目评审和签订任务书的重要依据，申报书的各项填报内容须实事求是、准确完整、层次清晰。重点关注以下事项。

（1）申报书中的项目研究内容必须对应指南、符合指南的要求，覆盖指南方向的全部考核指标。研究内容应突出创新性、前瞻性及时效性。

（2）项目研究目标明确清晰、重点突出，主要技术路线、研究方法合理可行，具有创新性，考核指标可量化，考核方式可行。

（3）课题（任务）设置系统科学，进度计划合理可行。

（4）突出项目负责人及团队整体科研优势，团队分工明确，有完备的组织实施机制。

（5）项目预期成果明确，技术和实施风险分析清晰，对策有效。

正式申报书编制需要重点关注的评价内容及指标详见表1-1。

表1-1　正式申报书编制需要重点关注的评价内容及指标

评价内容	评价指标
研究内容	（1）研究内容是否涵盖指南方向要求的全部考核指标
	（2）对国内外现状及趋势分析是否准确、全面
	（3）研究内容的创新性、前瞻性及时效性

续表

评价内容	评价指标
目标设置及技术路线	(1) 项目目标是否明确清晰、突出重点 (2) 主要技术路线、研究方法是否合理可行，具有创新性 (3) 考核指标是否合理、量化、可考核
任务分解和进度安排	(1) 课题设置的合理性与系统性 (2) 各课题目标对项目总目标的支撑程度 (3) 研发进度计划安排的合理性和可行性
研发团队及工作基础	(1) 研发团队整体科研水平及人员构成、任务分工合理性 (2) 项目负责人的科研水平及创新能力及管理协调能力 (3) 项目申报单位的组织管理能力和项目组织实施机制 (4) 现有研究工作基础及条件
预期成果与风险分析	(1) 项目预期成果是否明确，社会、经济效益如何 (2) 项目的技术和实施风险分析是否清晰，对策是否有效
预算申报的合理性	(1) 经费预算与研究内容是否匹配，总体需求是否合理 (2) 自筹经费的合理性

15．项目正式申报阶段，预算金额的确定有哪些要求？

(1) 每个项目一般会设定专项经费指导数，正式申报项目专项经费预算不得高于预申报数和经费指导数，预申报中填写的专项经费与专项经费指导数相比，取较小的数作为正式的专项经费预算，可以进一步调减，但不能调增。

(2) 承诺配套条件不能降低（如其他来源资金不能低于预申报书承诺资金数）。

16．项目正式申报阶段，哪些内容不允许修改或者调整？

项目正式申报阶段以下内容不允许修改或者调整。

(1) 项目申报单位、项目负责人。

(2) 项目下设课题数、课题负责人、现有参与单位。

（3）所属专项和申报的指南方向。

（4）推荐单位。

17．项目正式申报阶段，哪些内容允许修改或者细化？

项目正式申报阶段以下内容允许修改或者细化。

（1）考核指标不能降低，可以根据需要进一步细化。

（2）主要研究内容不能减少和大幅调整，需要进一步细化，如需增加研究内容，应提交说明作为附件。

（3）项目（课题）名称可根据实际情况做适当调整。项目（课题）名称应清晰、准确反映研究内容，不宜宽泛。

（4）在项目参与单位未超限额的情况下，可以增加参与单位，需要签订并提交联合申报协议。

18．准备答辩汇报材料需要注意哪些事项？

汇报材料精确瞄准项目指南要求，按照申报书进行编制，重点阐述项目的总体目标与考核指标，准确分析国内外现状及发展趋势，凝练拟解决的重大科学问题及创新点，清晰论述项目的技术路线与任务分解，突出项目负责人及研究团队的优势，凸显项目已具备的研究基础，提出明确的组织实施与进度安排方案、预期成果与风险分析；简要说明经费构成、来源及分配方案。

汇报材料的体量与汇报时间相匹配。展示效果应内容清晰、布局合理、层次分明，避免页面过于繁杂，显示不清，也不要过于简略、简单。

19．正式答辩一般是什么形式？每个项目的答辩时间是多少？

（1）正式答辩一般采取指定地点（由项目管理专业机构通知）的网络视频答辩。

（2）一般情况，每个项目的答辩时间是 45 分钟，其中项目汇报时间 15 分钟，质询 30 分钟，视频系统会显示倒计时时间。青年科学家项目答辩时间一般汇报时间 15 分钟，质询 15 分钟，具体答辩时间以项目答辩评审会通知为准。

（3）正式答辩的参加人员原则上是项目负责人及项目成员，非项目组成员不得参与答辩，参加答辩人数应符合通知要求。项目负责人需要作为主答辩人亲自参加答辩，如确实因客观原因无法参加，应提前书面请假。

20．正式答辩采取什么样的评审方式？

专业机构组织会议答辩评审，在答辩评审时同步开展预算评审，根据专家评议情况择优建议立项。

评审方式一般采取"投票＋打分"的方式，专家根据汇报和质询情况，审阅项目申报书，根据专家个人意见表的评价指标内容对项目进行投票和打分。一般综合排序时，按照票数第一、分数第二排序。

专业机构会组织评审专家提前审阅项目申报书，对评审项目提出问题与意见，并将问题与意见汇总整理后，在正式答辩前，通过国家科技管理信息系统公共服务平台反馈给项目申报者。

项目组可提前准备反馈问题的回答。对于较复杂的问题，可提前做好 PPT 备询。

21．正式答辩时需要注意哪些问题？

（1）提前熟悉答辩现场情况，对汇报计算机联接测试，检查音频视频及展示效果，项目答辩联系人保持手机畅通。

（2）答辩团队统一着装，建议着正装（西装、衬衫、领带），并注意答辩坐姿，除做必要的记录外，尽可能正坐目视前方。答辩人员手机等通信设备关机或设置飞行模式，以免干扰现场答辩。

（3）答辩开始后，项目负责人简要介绍自己及答辩团队。

（4）汇报时精神饱满，语速适中，吐字清晰，汇报内容重点突出。

（5）记录专家提问，避免遗漏，必要时可以请专家重复问题。

（6）项目负责人对专家提出的问题进行分工，并首先回答问题，建议项目负责人回答问题占较大比例。

（7）回答问题重点突出、简明扼要、条理清晰。

（8）把握答题节奏，适当控制答题时间，单一问题不宜占用过多时间。

（9）回答问题保持谦逊有礼，避免反问或责问专家。

（10）问题回答完成后，回复专家"回答完毕"。

第2篇　角色篇

本篇导读

国家重点研发计划是高度复杂的科研项目，涉及的学科专业多，参与的团队人员也多，项目组是复杂的社会技术系统，包含了项目负责人、项目牵头单位等多种角色。在项目的全生命周期中，每个角色对于项目都会起到不可或缺的作用，对项目的成败产生不同程度的影响。

组织角色的关键是在更高层面上帮助与支持项目团队，个人角色的关键是每位成员都做到既主动又高效。本篇分组织角色和人员角色进行梳理，共计 18 个问题，介绍了各类型组织、人员在项目中的职责和定位。

一、组织角色

22．在国家重点研发计划的管理中，科技部的职责是什么？

答

在国家重点研发计划的管理中，科技部是国家重点研发计划的牵头组织部门，负责组织编制与发布项目申报指南，对项目管理专业机构进行必要的指导和检查。

在项目执行过程中和综合绩效评价完成后，科技部会委托相关机构对项目进行随机抽查（即"飞行检查"），被抽查的项目由相关机构直接和项目负责人或项目联系人联系，到项目承担单位进行随机抽查。

《科技部 财政部关于印发〈国家重点研发计划管理暂行办法〉的通知》（国科发资〔2017〕152号）中指出：

科技部是国家重点研发计划的牵头组织部门，主要职责是会同相关部门和地方开展以下工作：

（一）研究制定国家重点研发计划管理制度；

（二）研究提出重大研发需求、总体任务布局及重点专项设置建议；

（三）编制重点专项实施方案，编制发布年度项目申报指南；

（四）提出承接重点专项具体项目管理工作的专业机构建议，代表联席会议与专业机构签署任务委托协议，并对其履职尽责情况进行监督检查；

（五）开展重点专项年度与中期管理、监督检查和绩效评估，提出重点专项优化调整建议；

（六）建立重点专项组织实施的协调保障机制，推动重点专项项目成果的转化应用和信息共享；

（七）组建各重点专项专家委员会，支撑重点专项的组织实施与管理工作；

（八）开展科技发展趋势的战略研究和政策研究，优化国家重点研发计划总体任务布局。

23．在国家重点研发计划的管理中，项目管理专业机构的职责是什么？

答

　　项目管理专业机构是指经国家科技计划管理部际联席会议审议确定的，具有独立法人资格，主要从事科研项目管理工作，承担中央财政科技计划项目管理工作的科研管理类事业单位或社会化科技服务机构。

　　项目管理专业机构对国家重点研发计划进行管理，在项目执行过程中，由项目管理专业机构与项目组联系。

　　在项目预申报阶段，项目管理专业机构对预申报项目进行受理，组织预申报书的形式审查和预评审；项目正式申报阶段，项目管理专业机构组织对正式申报书进行审查，并组织项目答辩评审；立项通知下达后，项目管理专业机构与项目牵头单位签订项目任务书，组织开展任务书网上填报、审核及纸质任务书签订等工作。

　　在项目执行阶段，项目管理专业机构对项目进行管理、指导，主要包括完成项目重要变更申请批复，重大变更审核后提交科技部批复，组织完成项目年度执行情况检查、中期检查、综合绩效评价、材料归档等关键节点和重要事宜的相关工作。

　　《科技部 财政部关于印发〈国家重点研发计划管理暂行办法〉的通知》（国科发资〔2017〕152号）中指出：

　　项目管理专业机构根据国家重点研发计划相关管理规定和任务委托协议，开展具体项目管理工作，对实现任务目标负责，主要职责如下：

　　（一）组织编报重点专项概算；

　　（二）参与编制重点专项年度项目申报指南；

　　（三）负责项目申报受理、形式审查、评审、公示、发布立项通知、与项目牵头单位签订项目任务书等立项工作；

　　（四）负责项目资金拨付、年度和中期检查、验收、按程序对项目进行动态调整等管理和服务工作；

　　（五）加强重点专项下设项目间的统筹协调，整体推进重点专项的组织实施；

（六）按要求报告重点专项及其项目实施情况和重大事项，接受监督；

（七）负责项目验收后的后续管理工作，对项目相关资料进行归档保存，促进项目成果的转化应用和信息共享；

（八）按照公开、公平、公正和利益回避的原则，充分发挥专家作用，支撑具体项目管理工作。

24. 国家重点研发计划的项目管理专业机构有哪些？

目前，科技部委托的国家重点研发计划项目管理专业机构包括如下几个。

（1）中国农村技术开发中心，涉及农牧渔业、食品等农业产业、农林生态、城镇化等领域，如"七大农作物育种""绿色宜居村镇技术创新"等重点专项。

（2）中国21世纪议程管理中心，涉及资源、环境、生态、海洋、气候变化、防灾减灾、社会治理、文化体育、公共安全与应急管理、城镇化与城市发展等领域，如"大气污染成因与控制技术研究""水资源高效开发利用"等重点专项。

（3）中国生物技术发展中心，涉及生物技术领域，如"数字诊疗装备研发""干细胞及转化研究""中医药现代化"等重点专项。

（4）科技部高技术研究发展中心，涉及基础前沿类和重大共性关键技术类相关领域，如"新能源汽车""纳米科技"等重点专项。

（5）农业农村部科技发展中心，涉及农业领域，如"粮食丰产增效科技创新""主要经济作物优质高产与产业提质增效科技创新"等重点专项。

（6）国家卫生计生委医药卫生科技发展研究中心，涉及卫生健康领域科，如"精准医学研究""生殖健康及重大出生缺陷防控研究"等重点专项。

（7）工业和信息化部产业发展促进中心，涉及工业、通信业和信息化领域，如"网络空间安全治理""储能与智能电网技术"等重点专项。

（8）中国科学技术交流中心，负责政府间/港澳台重点专项，如"政府间国际科技创新合作/港澳台科技创新合作""战略性国际科技创新合作"

等重点专项。

此外，科技部也会根据重点专项的内容特点委托相关单位进行重点专项的管理，如国家遥感中心负责"平方公里阵列射电望远镜（SKA）"重点专项。

25．项目牵头单位的职责是什么？

答

项目牵头单位即项目牵头申报单位、项目牵头承担单位，项目申报时负责组建团队，牵头组织编写预申报书、正式申报书，代表项目团队提交申请材料；项目下达后，负责组织项目的实施、管理及课题绩效评价。

项目牵头单位应切实履行法人责任，承担项目过程管理、项目资金管理、课题组织管理等职责，对项目目标的完成负主体责任。

项目牵头单位应结合项目管理要求，制定和完善本单位内控制度，实施科学、专业的风险管理，为项目的执行做好管理和支撑服务工作。

《科技部 财政部关于印发〈国家重点研发计划管理暂行办法〉的通知》（国科发资〔2017〕152 号）规定如下：

项目牵头单位负责项目的具体组织实施工作，强化法人责任。主要职责是：

（一）按照签订的项目任务书组织实施项目，履行任务书各项条款，落实配套条件，完成项目研发任务和目标；

（二）严格执行国家重点研发计划各项管理规定，建立健全科研、财务、诚信等内部管理制度，落实国家激励科研人员的政策措施；

（三）按要求及时编报项目执行情况报告、信息报表、科技报告等；

（四）及时报告项目执行中出现的重大事项，按程序报批需要调整的事项；

（五）接受指导、检查并配合做好监督、评估和验收等工作；

（六）履行保密、知识产权保护等责任和义务，推动项目成果转化应用。

26．项目管理团队（组、办公室）的定位和职责是什么？

 答

　　项目管理团队（组、办公室）由项目组牵头组建，可以固定人员也可以柔性团队的形式开展工作，主要由项目团队成员及相关人员组成。项目的组织管理对于项目执行非常重要，项目管理团队负责项目的制度建设，负责项目整体的执行进度、技术协调、成果、财务等各方面的管控，与项目管理专业机构、项目承担单位管理部门及相关单位做好沟通，协调项目执行过程中出现的问题。

　　项目的组织管理责任应明确到人，任务清晰，职责明确。如遇到相关人员岗位变化，及时调整。

　　图 2-1 是某国家重点研发计划项目组织实施架构图，项目管理办公室在项目过程中起到了重要的管理与项目推进作用。

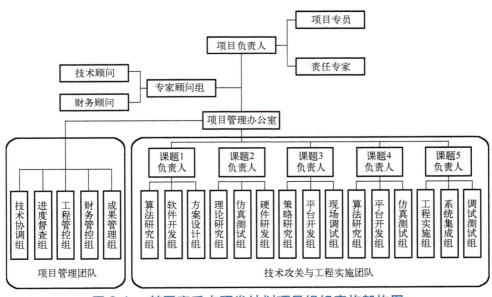

图 2-1　某国家重点研发计划项目组织实施架构图

27．课题承担单位的工作职责是什么？课题参与单位的工作职责是什么？

 答

　　课题承担单位指课题牵头单位，应积极配合项目牵头单位的相关要求组织课题的实施和管理。

课题参与单位应全面配合课题承担单位开展课题的实施和管理。

课题承担单位和参与单位均应制定和完善本单位内控制度，做好管理和支撑服务工作。

《科技部 财政部关于印发〈国家重点研发计划管理暂行办法〉的通知》（国科发资〔2017〕152号）规定：

项目下设课题的，课题承担单位应强化法人责任，按照项目实施的总体要求完成课题任务目标；课题任务须接受项目牵头单位的指导、协调和监督，对项目牵头单位负责。

课题承担单位和参与单位应积极配合项目牵头单位组织开展的督导、协调和调度工作，按要求参加集中交流、专题研讨、信息共享等沟通衔接安排，及时报告研究进展和重大事项，支持项目牵头单位加强研究成果的集成。

28. 什么是项目相关单位？

项目相关单位一般指以下两种情况。

(1) 与项目承担单位存在上下级关系的单位，例如上级集团公司、分公司或子公司。

(2) 与项目承担单位存在参股关系的单位，例如控股公司或参股公司。

29. 项目的组织架构是什么？

项目承担单位（包括项目牵头单位、课题承担单位和参与单位等）应根据项目（课题）任务书确定的目标任务和分工安排，履行各自的责任和义务，按计划进度高质量完成相关研发任务。应按照一体化组织实施的要求，加强不同任务间的沟通、互动、衔接与集成，共同完成项目总体目标。

在项目组织中，为了在规定的时间内最大限度地利用项目资源，保证在规定的时间和预算范围内成功地完成项目，需要有详尽而准确的计划和一个有效的控制系统。项目组织就是以实施、完成项目为目的，按照一定的形式组建起来的机构。项目的一般组织架构如图2-2所示。

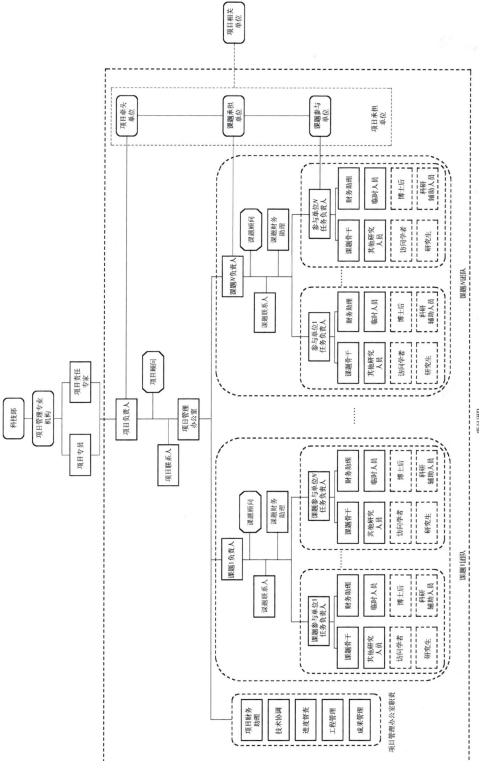

图2-2 一般的项目组织架构

二、人员角色

30．项目负责人的定位和职责是什么？

答

项目负责人是项目的核心，是实现项目目标的组织者和领导者，在项目全生命周期中起着至关重要的作用。作为项目的发起人及最主要实施者，项目负责人在项目实施过程中，全面负责项目总体进度、技术路线、研究质量、安全管理、财务管理等，统筹协调各课题研究内容，领导项目及各课题开展项目研究和任务执行。

项目负责人是项目技术路线和研究方案的决定者。项目负责人需要领导、组织和协调项目团队成员的活动，使其成为一个有机整体。在经费和时间特定的情况下，项目负责人要充分利用各类型资源和授权，在项目牵头单位的支持下，领导研究工作，应对挑战风险，统筹谋划，推动项目研究任务与考核指标的完成。

项目负责人可以根据项目需要，在申报期间按规定自主组建科研团队；结合项目进展情况，在实施期间按规定进行相应调整，并在遵守科研人员限项规定及符合诚信要求的前提下自主调整项目骨干、一般参与人员，由项目牵头单位报项目管理专业机构备案。

项目牵头单位和项目负责人应切实履行牵头责任，制定本项目一体化组织实施的工作方案，明确定期调度、节点控制、协同推进的具体方式，在项目实施中严格执行，全面掌握项目进展情况，并为各研究任务的顺利推进提供支持。

在资金拨付方面，按照财政部、科技部关于印发《国家重点研发计划资金管理办法》的通知（财教〔2021〕178 号）规定：首笔资金拨付比例充分尊重项目负责人意见，结合重点专项年度预算情况确定；后续资金拨付，项目牵头单位应当根据项目负责人意见，及时向课题承担单位拨付资金。

31. 项目专员的工作职责是什么？

项目专员由项目管理专业机构委派，按照项目管理专业机构的要求，全面了解项目进展和组织实施情况，指导、监督项目执行的相关事宜；联系项目负责人和项目牵头承担单位，协调项目相关管理及与上级或相关部门的沟通工作；跟踪项目研发过程和研究成果，扩大项目研究成果的传播和推广。

《科技部 财政部关于印发〈国家重点研发计划管理暂行办法〉的通知》（国科发资（2017）152 号）规定：

项目实施中，专业机构应安排专人负责项目管理、服务和协调保障工作，通过全程跟进、集中汇报、专题调研等方式全面了解项目进展和组织实施情况，及时研究处理项目牵头单位提出的有关重大事项和重大问题，及时判断项目执行情况、承担单位和人员的履约能力等。在项目实施的关键节点，及时向项目牵头单位提出有关意见和建议。

32. 项目责任专家的定位和职责是什么？

专业机构按照有关规定为每个立项项目选聘责任专家，为项目管理决策提供技术支撑。责任专家按照项目管理专业机构部门的要求，参与重点专项项目立项审核、过程管理、动态调整、绩效评价等相关工作，对项目提供全周期的指导、咨询、论证和服务的专业人员。

项目重大 / 重要调整的论证建议邀请责任专家参与或主持，在项目中期检查会议、综合绩效评价等重要节点会议前可邀请责任专家开展先期评估等工作。

33. 项目（课题）顾问的角色和定位是什么？

答

项目（课题）顾问指的是在项目执行过程中，项目组邀请的同行技术专家或财务专家。

技术专家对项目执行过程中的技术难点与项目组进行交流指导，给出建议。

财务专家可以给与项目组专业的财务指导，提出意见或建议，保障经费的合规合理使用。

34．课题负责人的定位和职责是什么？任务负责人的定位和职责是什么？

课题负责人是项目下设课题的第一责任人，是项目的核心骨干，是实现课题目标的组织者和领导者，全面负责课题研究工作的推进和管理。课题负责人应配合项目负责人高质量完成项目，在项目的一体化组织实施下，负责课题的执行与管理，把控课题总体进度、完成质量、财务管理等；领导、协调课题参与单位及任务负责人的相关研究与执行工作；与其他课题负责人高效协同，推动项目整体研究。

任务负责人应配合课题负责人高质量完成课题研究任务，负责所承担研究任务的执行与管理，并与其他任务负责人高效协同推动课题研究。

《财政部 科技部关于印发〈国家重点研发计划资金管理办法〉的通知》（财教〔2021〕178号）规定：

课题预算总额不变，设备费预算调剂的，由课题负责人或参与单位的研究任务负责人提出申请，所在单位统筹考虑现有设备配置情况和科研项目实际需求，及时办理审批手续。

除设备费外的其他直接费用调剂，由课题负责人或参与单位的研究任务负责人根据科研活动实际需要自主安排。承担单位应当按照国家有关规定完善内部管理制度。

35．项目联系人的职责是什么？课题联系人的职责是什么？

项目联系人协助项目负责人联系项目管理专业机构、项目牵头单位相关管理部门、项目下属各课题负责人、课题联系人；受项目负责人委托，联系与协调项目相关工作。

课题联系人协助课题负责人与项目组和课题参与单位联系；受课题负责人委托，联系与协调课题相关工作。

项目联系人的变更应及时向项目管理专业机构报告或备案，课题联系人的变更应及时向项目负责人和项目联系人报告。

36. 项目（课题）科研财务助理的定位和职责是什么？

承担单位应当全面落实科研财务助理制度。每个课题应当配有相对固定的科研财务助理。科研财务助理所需人力成本费用（含社会保险补助、住房公积金），可由承担单位根据情况通过科研项目经费等渠道统筹解决。

科研财务助理应当熟悉重点研发计划项目和资金管理政策，以及承担单位科研管理制度及流程，为科研人员在项目预算编制和调剂、经费报销、项目综合绩效评价等方面提供专业化服务。

37. 项目（课题）骨干、其他研究人员的定位是什么？

项目（课题）骨干指在项目（课题）研究过程中起到关键作用的项目团队成员，项目骨干一般承担重要的科研任务，应保证足够的精力投入。

其他研究人员指在项目（课题）研究过程中起到一定作用或辅助性工作的成员。

项目组成员按照项目（课题）任务书和实施工作方案内容积极开展工作，积极响应与配合项目负责人和课题负责人的安排，及时与项目（课题）组沟通、汇报突发事件、调整事项、重大进展等，为项目（课题）的高效推进提供建议，主动与项目（课题）其他承担单位协作与协同。

38. 项目（课题）临时人员的定位是什么？

项目（课题）临时人员一般指不全程参与项目的访问学者、博士后、研究生及项目（课题）临时聘用的科研辅助人员。

项目（课题）临时人员可以作为其他研究人员或课题骨干执行项目，当项目（课题）临时人员在项目（课题）研究过程中投入的精力满足要求，并起到了关键作用时，可以作为项目（课题）骨干。

39. 项目科研助理的定位是什么？

项目科研助理是指从事科研项目辅助研究、实验（工程）设施运行维护和实验技术、科技成果转移转化、学术助理、财务助理及博士后等工作的人员。科研助理岗位是科研队伍的重要组成部分，是完善科研治理体系、提升科技创新治理能力的重要抓手。

设立科研助理岗位的单位，应根据国家有关规定签订服务协议，为科研助理办理参加社会保险及住房公积金等。科研助理岗位经费可按规定从科研活动直接支出中列支。对于国家重点研发计划项目的科研助理岗位，科研项目经费中"劳务费"科目资金可按照有关规定用于科研助理的劳务性报酬和社会保险补助等支出。

第3篇 执 行 篇

本篇导读

承担国家重点研发计划项目既是荣誉更是责任，项目团队既要不忘初心，牢记申报时的决心，将责任与信念贯穿项目始终；也要脚踏实地，立足项目任务书，勇于创新，攻坚克难，持续积累，通过不断地完成一个个小目标，实现项目的大目标，让项目的成功助力国家科技事业的发展。

目标明确、方法可行、管控有效、流程合理是项目顺利完成的关键，本篇主要包括项目启动、项目执行和调整变更三个部分，共计 33 个问题，希望可以帮助项目团队解答在执行过程中的一些困惑，更高质量地完成项目。

一、项目启动

40．国家重点研发计划项目执行管理的国家文件、政策依据有哪些？

答

（1）科技部 财政部关于印发《国家重点研发计划暂行管理办法》的通知（国科发资〔2017〕152 号）。

（2）中共中央办公厅 国务院办公厅印发《关于进一步加强科研诚信建设的若干意见》（2018 年 5 月 30 日）。

（3）国务院关于优化科研管理提升科研绩效若干措施的通知（国发〔2018〕25 号）。

（4）科技部 资源配置与管理司关于印发《国家重点研发计划项目中期检查工作规范（试行）》的通知（国科资函〔2018〕3 号）。

（5）科技部办公厅关于印发《国家重点研发计划项目综合绩效评价工作规范（试行）》的通知（国科办资〔2018〕107 号）。

（6）科技部 财政部《关于进一步优化国家重点研发计划项目和资金管理的通知》（国科发资〔2019〕45 号）。

（7）科技部印发《关于破除科技评价中"唯论文"不良导向的若干措施（试行）》的通知（国科发监〔2020〕37 号）。

（8）科技部办公厅关于进一步完善国家重点研发计划项目综合绩效评价财务管理的通知（国科办资〔2021〕137 号）。

（9）财政部 科技部关于印发《国家重点研发计划资金管理办法》的通知（财教〔2021〕178 号）。

（10）科技部等二十二部门关于印发《科研失信行为调查处理规则》的通知（国科发监〔2022〕221 号）。

41. 立项通知书下达后，需要开展哪些工作？

项目组收到立项通知书后，项目进入执行环节，项目组需要完成项目任务书的编写、上传和签订，项目工作实施方案的编写，项目管理办法的编制及项目启动会的召开等工作。

（1）项目牵头单位、项目负责人组织项目任务书、课题任务书的编写。

（2）根据需要完成项目（课题）牵头单位与项目（课题）参与单位合作协议的签订。合作协议内容与任务书保持一致，明确和细化各单位的任务分工、考核指标、经费分配等内容。

（3）项目牵头单位、课题承担单位完成国家科技管理信息系统公共服务平台（http://service.most.gov.cn）的任务书填报，合作协议作为任务书的附件同时上传。

任务书和合作协议上传后，项目（课题）负责人及项目承担单位对生成的文件进行审核，确保内容准确、全面，再进行提交。

（4）项目管理专业机构组织审查任务书，通过后完成任务书的签订，项目管理专业机构组织召开专项启动会。

（5）项目组编写实施工作方案，收集汇编项目管理办法，筹备并召开项目启动会。

立项通知书下达后，具体工作流程如图 3-1 所示。

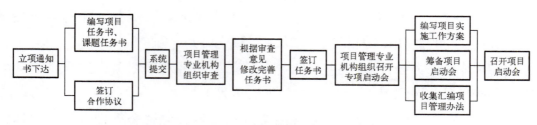

图 3-1　立项通知书下达后的具体工作流程

42. 如何让项目有一个成功的开局？

好的开始是成功的一半，项目组需要高质量完成项目任务书、项目工作实施方案、项目管理办法的编制及项目启动会的召开。

1）编制科学规范的项目（课题）任务书

任务书是项目牵头单位落实法人主体责任制的基本依据，是项目负责人、课题负责人、项目牵头单位以及项目团队对国家做出的承诺，是项目执行的合同文本，是项目专业管理机构开展过程管理和绩效评价的依据，具有法律效力。编制任务书是项目的开始，好的开始至关重要，高质量的任务书是做好项目的必要条件。

2）编制合理可行的项目实施工作方案

《项目实施工作方案》是项目实施过程中的重要文档，是项目执行的"纲领"，在项目任务书明确"做什么"的基础上，进一步明确"怎么做"，"怎么管"，"风险怎么防控"，是项目牵头单位和项目负责人进行过程管理的重要抓手，重点考虑项目一体化组织实施、各课题任务分工及接口关系、项目组织管理架构以及项目风险防控预案。

3）收集汇编与制定项目管理办法

项目组将项目相关管理办法汇编成册并及时更新，下发并宣贯至项目承担单位，项目承担单位应严格按照国家相关管理办法执行项目。

国家重点研发计划项目团队一般都是由多家单位共同承担，项目面临着团队大、人员多、管控难的实际情况，可根据需要结合项目特点，制定完善、可行的项目管理办法，为项目的顺利执行提供有力的制度保障。

4）高质量筹备并召开项目启动会

项目启动会是项目正式立项后项目团队、课题团队的第一次正式会议，标志着项目正式进入执行阶段，项目启动会是项目组明确项目目标、工作方式、沟通方式、实施方案等细节的会议，成功的项目启动会将为项目的顺利实施打下良好的基础。

上述工作的目的是做好项目的规划与布局，做到目标和指标清晰，任何人对目标、指标及其考核方式的理解不存在偏差；做到任务分工清晰，项目任务分解无死角，各单位对所承担任务没有歧义；做到责任分解清晰，特别是在涉及示范工程、装备的交付任务时，要明确交付物负责人、工程实施负责人等，做到责任主体清晰明确。

43. 项目(课题)任务书的编制需要注意哪些事项?

　　项目(课题)任务书以项目申报书作为填报的重要依据,任务书填报不得降低考核指标,主要研究内容不能减少和大幅调整。项目(课题)负责人牵头组织,项目团队共同完成任务书的编制。经项目管理专业机构审核通过后下达的项目任务书将作为项目过程管理、综合绩效评价(验收)和监督评估的重要依据。需要注意以下事项。

　　(1)项目目标、预期成果与考核指标等有关内容必须完全覆盖申报指南,且不得低于指南、项目申报书及经评审确定的内容。

　　(2)考核指标应具体、量化、可考核,需全面反映研究内容,体现技术特征,以及相对以往研究成果的技术增量和先进性。

　　(3)考核方法合理、明确,无歧义,无争议,具有可操作性,符合行业要求,需要测试的成果一般应由具备相关资质的第三方机构依据国家、行业或国际标准,或采用行业通用的测试标准和方法等出具加盖 CNAS 或 CMA 等资质认证章的测试报告,特殊情况可采用现场见证测试、直接用户或示范单位提供使用报告等考核方法。

　　(4)明确研究内容、研究方法及技术路线。

　　(5)明确各课题、各参与单位分工。

　　(6)制定项目年度计划,含项目计划和项目关键节点、里程碑事件和关键指标。

　　(7)制定知识产权对策、成果管理及合作权益分配方法。

　　(8)制定项目安全管理实施保障措施。

　　课题任务书以项目任务书为编制依据,项目任务书所涉及的全部研究目标及考核指标应一一分解到各课题任务书,避免遗漏。

44. 项目实施工作方案如何编制?

　　项目实施工作方案即项目执行方案,以项目任务书为依据,进行充分论证,对项目全过程执行做出具体、明确的安排。编制时重点关注以下事项。

（1）**建立完整的技术指标体系，明确核心指标。**基础研究类项目需明确具体的项目科学目标，准确凝练需解决的所有关键技术问题或科学问题；技术开发类、应用示范类项目技术指标要细化到研究基本单元。

（2）**合理进行课题任务分解。**围绕项目目标，在一体化组织实施的基础上确立清晰的课题任务分工及接口关系。

（3）**拟定项目详细的技术路线。**制定合理的进度计划，科学设置里程碑计划等关键节点，确定阶段考核的主要方式、方法。对各课题研究进展提出明确要求。

（4）**明确项目成果形态。**提出包括成果形式、技术指标、技术成熟度、成果测试等在内的完整的成果状态表述，建立相应的检查或考核办法，确保项目阶段目标和总体目标的实现。

（5）**建立操作性强的项目实施组织管理机制。**进一步落实项目承担单位和团队成员的任务分工，对实施过程中的政策、管理、技术、进度、资金、安全和知识产权等风险进行充分的分析和预判，制定针对性的措施与办法。

45．如何设置项目里程碑？

项目里程碑是一个重大或关键标志性的事件点，具有明确的、可考核的交付物，项目在这一节点上，达到要求就可以转到下一个阶段，里程碑节点是流程关键点，对项目的执行起决定性影响作用，制定明确、合理、有效的里程碑节点有助于项目的执行、管理、规划和控制，帮助项目团队理解项目与预期目标的距离。为了里程碑的顺利完成，可以在里程碑之前设置若干个检查点。

项目里程碑应在项目负责人的领导下由项目团队共同讨论制定，有明确的任务目标、时间节点、责任人和成果交付物，能够体现阶段性的关键进展或标志性成果。

里程碑的设定要遵循科研规律，也要兼顾研发任务实际情况。项目的中期检查一般不能作为项目里程碑，也不能简单地将年度目标等同于项目里程碑。

在项目开始实施阶段，项目团队应有效地分解项目任务目标，做好进度计划、风险评估，项目的里程碑节点是严谨的、可考核的，项目团队应保证里程碑节点的实现。里程碑节点也不是一成不变的，可以利用年度会议、中期检查不断地反观、修正里程碑。

46. 如何设置课题里程碑？

课题作为项目任务的实施主体，课题任务的分解和落实直接影响项目的整体实施和项目的完成质量。

课题里程碑的设置原则可参考项目里程碑。课题里程碑设置应注意：一是体现课题在项目中的作用；二是体现各课题间的逻辑关系。如项目重要考核指标的实现或核心技术的突破，为其他课题提供重要支撑的成果交付等关键事件。

47. 项目管理办法包括哪些内容？

项目牵头单位或项目组将国家、相关部委、上级部门及本单位的相关管理办法汇编成册并及时更新，下发并宣贯至项目承担单位；同时，项目组可结合项目自身特点编制具备可操作性的项目管理办法。

项目管理办法的编制应确定编制依据以及管理办法的目的和作用。编制依据应包括《国家重点研发计划暂行管理办法》、《国家重点研发计划资金管理办法》等项目主管部门发布的专项管理办法，同时参考项目承担单位相关管理办法。

明确项目执行中的过程管理要求以及采取的手段和方法。根据项目实际情况，项目管理可包括：进度管理、质量管理、成果管理、资金管理、风险管理、安全管理、调整事项管理、文档管理、沟通机制等。

项目组要重视制度的建设。制度建设是项目实施的重要保障，项目执行过程中，要实时跟进学习新的政策和制度，在承担单位的支持下及时落实。

48. 项目启动会的作用是什么？如何筹备项目启动会？

项目启动会是任务书下达后项目团队召开的第一次正式会议，标志着项目正式进入实施阶段。开好项目启动会非常重要，直接关系到项目日后的顺利开展。

1）项目启动会的作用

首先，项目启动会是"汇报会"。项目启动会将项目研究内容、考核指标、实施计划等相关情况进行汇报，使参会者更加深入了解项目，为项目营造良好的内外部环境，统一思想，凝聚团队，为更好实施项目做准备。

其次，项目启动会是"评审会"。项目启动会结合项目管理专业机构、责任专家及与会领导的专业点评和意见建议，进一步完善优化项目的实施工作方案，明确项目的实施计划、任务分工、里程碑等。

再次，项目启动会是"誓师会"。项目启动会通过项目负责人的汇报和牵头单位的表态，展现项目负责人、项目团队的能力以及单位给予的大力支持，让项目管理专业机构有足够的信心和信任，同时向项目团队表达决心和信心能够做好项目；通过与会领导、专家的要求增强团队的使命感和责任感。

最后，项目启动会是"培训会"。项目启动会将宣贯项目管理办法，建立项目组与课题组、课题组间良好的协同机制，保障项目的顺利实施。通过汇报、讨论及专家领导的要求，使项目团队加深对项目的理解。

2）项目启动会需要准备的材料

（1）会议通知。

（2）会议指南。

（3）项目负责人汇报材料。

（4）项目实施工作方案。

（5）项目管理办法。

3）项目启动会的必要环节

（1）项目负责人汇报。

（2）专家对项目提出要求及建议。

（3）项目管理专业机构对项目提出要求及建议。

（4）项目牵头承担单位表态。

4）项目启动会的参加人员

必须参加项目启动会的包括项目管理专业机构、项目责任专家、项目承担单位领导或科技部门负责人、项目负责人、课题负责人及团队成员。

根据项目需要，项目启动会也可以邀请相关领域的专家学者或相关单位人员参加。

5）关于项目启动会的建议

（1）重视项目启动会的筹备，认真准备启动会所需的各项材料。

（2）启动会结束后，项目组继续召开内部会议，落实项目管理专业机构及专家领导的要求和建议，尽快完善项目实施工作方案，明确下一阶段目标及任务。

（3）启动会的会议纪要及时下发至项目团队，会议纪要应记录准确，条理清晰。

（4）各课题落实项目启动会上的各项要求，尽快召开课题启动会或推进会。

49．课题启动会的作用是什么？如何筹备课题启动会？

课题启动会是项目启动后项目负责人与课题负责人、课题承担单位、课题参与单位的第一次正式会议。课题启动会的形式及内容应符合项目负责人和项目牵头单位的要求。

1）课题启动会的作用

（1）项目负责人、课题负责人、课题参与单位任务负责人等各方在课题核心内容、考核指标与任务分配上深入讨论达成一致，深入落实各方责任。

（2）课题负责人、课题参与单位任务负责人明确对项目的支撑任务及目标，里程碑计划，阶段性任务、时间节点等，分工明确，责任到单位、到人，为完成课题任务奠定良好的基础。

（3）宣贯项目管理办法及对成果的明确、细致要求。比如汇报沟通机制、知识产权成果要求、调整流程等。

（4）课题组内建立良好的协同机制，保障任务的顺利完成。

2）课题启动会需要准备的材料

（1）会议通知。

（2）课题实施工作方案。

（3）课题负责人汇报材料。

（4）课题参与单位任务负责人汇报材料（根据需要）。

3）课题启动会有哪些环节

（1）课题负责人汇报。

（2）课题参与单位任务负责人汇报（根据需要）。

（3）项目负责人对项目提出具体要求及建议。

（4）课题承担单位表态。

4）课题启动会的参加人员

项目负责人、课题负责人、课题参与单位任务负责人、课题团队成员应参加课题启动会。

根据课题需要，也可以邀请责任专家、相关课题负责人、相关领域的专家学者或相关单位人员参加。

5）关于课题启动会的建议

（1）课题启动会落实项目启动会的各项要求。

（2）如涉及与其他课题共同完成的任务，邀请相关负责人参加会议，确认课题之间的任务接口、对接人等事项。

（3）确定下次会议重点汇报与讨论的内容。

（4）课题启动会的会议纪要及时下发，并提交项目组。

二、项目执行

50．项目执行过程中，如何高质量推进项目执行？

在项目执行过程中，充分发挥项目负责人、课题负责人、项目骨干、科研财务助理等各类人员的作用，依托项目承担单位，建立健全高效的组织管理机制，做好资金等配套条件的保障，在项目管理专业机构的指导下，项目组重点做好以下几个方面。

（1）建立高效的组织管理体系。高效的合作可以应对团队大、任务重、要求高的诸多挑战，营造互信的合作氛围，构建科学的研究合作架构，维护和推动良好的合作关系，确立共同的目标，明确任务分工，充分调动项目组成员的积极性，保证足够的精力投入，互相配合，彼此尊重，提升攻关效率。友好、高效的合作是项目团队攻坚克难的基础。

（2）建立有效的沟通机制。良好的沟通可以促进项目团队及成员间的相互了解，降低信息不对称造成的风险，增强团队的凝聚力和创造力，建立通畅、互动的沟通机制，借助线上线下会议、微信群、共享文档等即时通信手段、联系工作单机制等，高效推动项目目标的顺利实现。良好、通畅的团队沟通是项目成功的关键。

(3) **建立完善的质量管控体系**。针对项目整体目标和里程碑节点，明确项目、课题和任务级别的关键环节并设立质量监控点，形成逐级的质量和进度管控计划，指导项目的推进实施。在进度管控方面，建立合理的例报、会议、跟踪检查等机制，及时发现项目执行过程中发生的偏差，及时应对并纠正，做好进度管理与风险管控，提升项目完成质量。科学、合理的质量管理是项目按进度推进的动力。

(4) **建立规范的经费管理制度**。规范的经费管理制度可以保障项目经费支出的合理、合规性，有助于项目的高效执行，可引入科研财务助理、财务专家或专业的会计师事务所，从专业角度及时发现项目经费执行中存在的问题，建立健全项目内部经费管控制度是规避项目执行风险的保障，同时，及时拨付专项资金，积极推进其他来源资金的落实和到位。规范、健康的经费使用是项目顺利进行的保障。

(5) **建立良好的档案整理与保存习惯**。项目组可在项目启动时建立项目档案规范，将项目研究全生命周期内的各种文档、照片、影音的电子版和纸质原版材料等按照类别、时序进行整理、标识、归档，提升项目研究人员及各级管理管理人员查询的效率。高质量的过程材料归纳与管理，有利于提升项目的执行效率，同时为项目综合绩效评价及后续归档工作奠定坚实的基础。及时收集归纳项目成果及过程文件是提升项目质量的有效举措。

51. 项目执行过程中，如何建立有效的沟通机制？

沟通机制是为了确保项目相关信息能及时、准确地得到处理，实现各方面高效协同、有序推进，包括沟通计划的制定、信息的传递、过程实施报告和评估报告。

在项目过程中，主要包括以下方面的沟通。

(1) 项目组与项目管理专业机构的沟通，详见表 3-1。

表 3-1　项目组与项目管理专业机构的沟通

序号	沟通内容	发起方	接收方	频率	沟通方式
1	项目任务书评审	项目管理专业机构	项目组	1 次	文档、会议
2	专项启动会	项目管理专业机构	项目组	1 次	会议、文档
3	项目启动会	项目组	项目管理专业机构	1 次	会议、文档
4	项目培训	项目管理专业机构	项目组	随时	会议、文档
5	项目管理咨询	项目组	项目管理专业机构	随时	文档、邮件
6	项目动态调整	项目组	项目管理专业机构	随时	文档、邮件
7	重大事项报告	项目组	项目管理专业机构	随时	文档、会议
8	年度工作汇报	项目管理专业机构	项目组	1 次 / 年	会议、文档
9	中期检查	项目管理专业机构	项目组	1 次	会议、文档
10	项目综合绩效评价	项目管理专业机构	项目组	1 次	会议、文档

（2）项目组与责任专家的沟通，详见表 3-2。

表 3-2　项目组与责任专家的沟通

序号	沟通内容	发起方	接收方	频率	沟通方式
1	项目启动会	项目组	责任专家	1 次	会议、文档
2	里程碑 / 重要节点会议	项目组	责任专家	随时	会议、文档
3	重大 / 重要调整论证	项目组	责任专家	随时	会议、文档
4	测试方案 / 大纲评审	项目组	责任专家	随时	文档、邮件、会议
5	专家见证	项目组	责任专家	随时	会议、文档
6	技术咨询	项目组	责任专家	随时	文档、邮件、会议
7	项目执行情况检查	责任专家	项目组	随时	会议、文档、邮件
8	项目整改	责任专家	项目组	随时	文档、邮件
9	中期检查 / 综合绩效评价前的评估	项目组	责任专家	随时	文档、邮件、会议
10	课题绩效评价	项目组	责任专家	1 次 / 每课题	会议、文档

（3）项目组与课题组的沟通，详见表 3-3。

表 3-3　项目组与课题组的沟通

序号	沟通内容	发起方	接收方	频率	沟通方式
1	课题任务书审核	项目组	课题组	1 次	会议、文档
2	项目启动会	项目组	课题组	1 次	会议、文档

续表

序号	沟通内容	发起方	接收方	频率	沟通方式
3	课题启动会	课题组	项目组	1 次	会议、文档
4	课题月 / 双月 / 季度报 *	课题组	项目组	每月	文档、邮件
5	知识产权情况 *	课题组	项目组	每月	文档、邮件
6	经费执行情况 *	课题组	项目组	每月	文档、邮件
7	问题反馈与跟踪	课题组	项目组	随时	文档、邮件
8	课题动态调整	课题组	项目组	随时	文档、邮件、会议
9	项目推进会 / 协调会	项目组	课题组	按计划	会议、文档
10	培训会 / 宣贯会	项目组	课题组	随时	会议、文档
11	课题执行情况检查	项目组	课题组	随时	文档、邮件、会议
12	课题年度进展报告	课题组	项目组	每年	文档、邮件
13	课题绩效评价	项目组	课题组	1 次	会议、文档

* 说明：根据项目管理需要，课题的例行汇报按照项目组要求进行，可以采取月报、双月报或季度报的形式，汇报内容清晰明确，避免不必要的重复工作。

（4）课题组内部的沟通，详见表 3-4。

表 3-4　课题组内部的沟通

序号	沟通内容	发起方	接收方	频率	沟通方式
1	课题启动会	课题组	参与单位	1 次	文档、邮件、会议
2	任务执行情况 *	参与单位	课题组	每月	文档、邮件、会议
3	知识产权情况 *	参与单位	课题组	每月	文档、邮件
4	经费执行情况 *	参与单位	课题组	每月	文档、邮件
5	问题反馈与跟踪	参与单位	课题组	随时	文档、邮件
6	课题动态调整	参与单位	课题组	随时	文档、邮件、会议
7	课题推进会	课题组	参与单位	按计划	文档、邮件、会议
8	课题绩效评价	课题组	参与单位	1 次	文档、邮件、会议

* 说明：根据项目组及课题管理需要进行统计。

　　在做好上述四个方面沟通的同时，项目组应熟悉所在单位的管理制度，做好与所在单位相关部门的沟通，取得所在单位的支持，保障项目的顺利执行。

　　此外，项目组还需要注意其他方式对项目的影响。例如，组织内外部学术论坛、专家研讨会、课题间及课题内部的技术研讨会或其他交流活动，可以增加项目团队的凝聚力，促进项目的推进。

52．项目执行过程中，需要召开哪些会议？会议的目标是什么？

项目在执行上需要通过各阶段的会议稳固推进，落实前一阶段问题解决情况，做到闭环管理，突出本阶段增量工作，明确下一阶段工作内容。会议可引入"亮点汇报"、竞争性评价机制等多种形式，对项目核心成果深度交流，增进课题组间了解与互动，通过互相评议进一步提升项目的执行质量。在项目执行过程中，一般会召开以下会议。

(1) 项目推进会。项目负责人参会，邀请责任专家，听取课题汇报，审查里程碑完成情况、项目阶段性成果等，确保研究方向和技术路线的正确性，布置下阶段重点任务。项目推进会宜定期召开，间隔时间不宜过长。定期的汇报机制不仅有利于推进项目顺利执行，还能打造出一支负责任的团队。

(2) 项目专题会。针对项目中遇到的重大问题、重要节点等进行专题交流，或者为了迎接中期检查、绩效评价等重要事项召开的专题会议，项目专题会一般根据实际需要召开。

(3) 协调/联席/评审/研讨/培训会。为了进一步提升项目执行质量，及时论证、检查项目成果水平及财务情况，促进相互交流与团队成长，宣贯最新的管理制度等，可不定期组织相关会议。

(4) 示范工程推进会。针对实施过程中遇到的问题进行讨论与推进，根据需要可以在示范工程建设现场召开。

项目组召开的会议以问题为导向，高效务实，根据需求召开会议，召开的会议既不是越多越好，也不是越少越好，以推进项目执行，解决遇到的问题为目标，防止会议流于形式；同时，做好会议记录，写好会议纪要，会议纪要及时下发并跟踪检查会议纪要落实情况，如有需要可发送至相关单位或人员，项目组归档会议纪要。

53．项目执行过程中，项目组需要参加项目管理专业机构组织的会议有哪些？

项目执行过程中，项目管理专业机构会组织专项项目启动会、项目年度汇报会、中期检查（评估）会、项目综合绩效评价会议及项目管理培训会等。

其中，项目年度汇报会、中期检查（评估）会、项目综合绩效评价会议需要项目负责人进行项目汇报。

54．项目执行过程中，哪些事项需要及时向项目管理专业机构报告？

项目出现重大事项应及时、如实向项目管理专业机构报告并研究提出对策建议，重大事项是指明显影响项目执行的重要事件或情况，或可能明显影响项目执行的问题，如重大安全事件，重大重要调整事项，项目（课题）负责人离职、调动，考核指标无法完成，参与单位经营异常或破产等。

重大事项不及时汇报可能会错失解决问题的最佳时机，造成更为严重的影响，也会影响项目综合绩效评价。

项目执行过程中产生了有影响力的技术突破或重大成果产出也应及时汇报，协助项目管理专业机构共同做好成果宣传。

55．项目执行过程中，哪些风险需要及时识别和应对？

项目在执行过程中所面临的风险主要有外部风险和内部风险。外部风险主要是指社会环境风险，涉及政策法规的变化、自然环境的变化、技术环境的变化、市场需求的变化等；内部风险主要包括技术风险、人员风险、财务风险、管理风险、安全风险等。

项目负责人及项目组应提高项目风险管理的意识，提升识别风险的能力，制定风险管理与应对计划，实施全过程动态风险管理。项目组及时、恰当地识别、应对风险，提高风险应对的效率和效果，才能更好地实现项目目标。项目的复杂性和不确定性越高，具有动态的风险管理计划就越重要。

对于外部风险，在项目组发现可能影响项目的外部风险出现时，及时进行分析识别，确定风险级别，如果风险在可控范围内，项目组在按计划推进项目的同时密切关注相关动态，风险不在控制范围内，及时和项目牵头单位、项目管理专业机构沟通，制定应对方案。

对于内部风险，项目组应建立完善的风险识别体系，对项目中可能发生的情况进行评估，采取主动行动，不应仅仅在风险事件发生后被动应付。项目负责人在认识和处理内部多种风险时要统筹项目全局，抓住主要矛盾，加强沟通协调，积极创造条件，因势利导。

国家重点研发计划项目涉及的常见风险描述详见表 3-5。

表 3-5 国家重点研发计划项目风险描述

风险类型	风险内容	风险描述
社会环境风险	政策法规变化	政策法规发生变化或限制
	自然环境变化	自然灾害、气候变化
	技术环境变化	新技术发展
	市场环境变化	市场需求发生重大不利变化
技术风险	计划进度	项目计划不合理
		里程碑设置不科学
		计划进度与实施差异不可控
	技术方案	技术路线不合理
		技术指标、考核指标过高
		出现重大缺陷或困难
		阶段性指标未完成
	技术复杂性	多学科技术交叉
		技术创新过程的复杂程度过高
	技术成熟性	同类技术的先进性或发展速度超出预期
	资源条件	技术积累不足
		研究资源欠缺
		配套设施不满足需求
		配套工程落实 / 推进不顺利
人员风险	研究人员	项目（课题）负责人出现变动
		项目（课题）骨干出现变动或流失
		项目成员对任务要求不明确
		项目成员的配置、实力和素质不足
	管理人员	项目（课题）组织协调人员出现失误
		管理素质和能力不足
财务风险	经费到位	中央财政资金未按照进度及时足额拨付到位
		其他来源资金不足额到位
		经费不足
	经费使用	违法违规使用项目资金
		经费使用不合理

续表

风险类型	风险内容	风险描述
财务风险	经费使用	经费预算调整未履行规定的程序
		未按要求分别单独核算
管理风险	项目组管理	管理体制不健全
		管理不正常
		项目研究进展不顺畅
		协调组织难度大
		项目成员之间沟通效率低
		管理对象复杂度高
		知识产权纠纷
	项目承担单位管理	管理职能履行不正常
		事件处理机能及决策有缺陷
		对项目运作的理解协助和支持度不高
		企业运营状况不好 / 破产
安全风险	信息安全	项目信息安全体制不完善
		项目成员信息安全意识不足
	实验调试与施工	项目安全体制不完善
		项目成员安全意识不足
		实验 / 现场安装操作不当
		工作现场安全状况差

56．项目执行过程中，如何防范安全风险？

安全是一切工作开展的前提和保障，科研项目也不例外。国家重点研发计划项目参与团队与人员多，各单位对安全管理的重视程度、管理意识、资源投入不一，给项目的安全管理带来新的挑战。项目（课题）负责人及项目承担单位应高度重视安全问题，增强项目组的安全意识，提高安全管理能力，保障项目的顺利执行。具体措施包括以下几个方面。

（1）全面提升项目团队安全意识，包括科研生产安全和信息安全等。

（2）深入开展实验室、工程现场相关的安全教育，对相关人员进行安全教育培训，使项目团队成员掌握必备的安全常识和技术能力。

（3）项目承担单位需要制定完善的安全制度，积极开展安全监督检查，主动排查安全隐患，配备必要的安全防护设施、器具等。

项目团队在项目承担单位的支持下，主动识别风险并实施管控，进而采取有效的措施，时刻坚持"安全第一，预防为主，主动治理"的方针，坚决消除各类安全隐患。

57．项目执行过程中，关于保密方面需要做哪些工作？

国家重点研发计划的常规项目一般没有明确的保密要求，项目组对项目内容需要保密的事项并不清楚，也无法判断保密的具体要求，这就更需要项目组提高保密意识，千万不要认为研究工作中无密可保，同时不能随意标密、定密。

国家重点研发计划项目知识涉及面广、技术创新度高，项目组要有清醒的认识，制定相应的防范措施，更好地维护国家的利益。项目组及项目承担单位需要做好以下工作。

（1）加强学习，强化保密法制观念。

（2）明确责任，加强项目团队成员的保密意识。

（3）与时俱进，注意网络信息传输的安全管理。

58．项目执行过程中，项目承担单位出现重大变故如何处理？

在项目执行过程中，如果遇到项目承担单位发生破产、与项目相关的严重违法事件等，项目牵头单位需要采取以下措施。

（1）第一时间向项目管理专业机构汇报。

（2）对问题单位暂停经费拨付。

（3）立即进行阶段性审计。

（4）评估对项目执行的影响，在项目管理专业机构的支持下采取应对措施。

（5）按照项目管理专业机构要求做好后续工作。

59．项目执行过程中，如何保障项目的研究进度？

（1）重视计划管理，国家重点研发计划一般是时间紧、任务重，指标要求高的项目，要严格按项目任务书和项目实施工作方案管理，特别是重要事项或长周期、复杂性高的任务，如示范工程建设，核心攻关事项等。对于项目难点设置适当的冗余，必要时提前做好备选方案。

（2）做好研究过程和研究成果的日常性梳理，保证项目团队成员的精力投入，围绕里程碑设置多个节点，推动年度计划、里程碑计划的完成，充分利用年度检查、中期检查等重要节点，主动对标验收标准，高标准地准备和梳理相关材料。

（3）建立进度检查机制和例会机制，定期/不定期对项目、课题的整体实施情况进行检查督导，重点检查项目研究进度、技术指标完成、成果产出、经费使用等情况，并协调解决影响项目执行重大问题。

（4）经常组织技术交流，做好课题（任务）之间的衔接，提高协同攻关的效率。

（5）做好风险识别与应对，主动发现可能影响项目执行进度的问题，做好风险防控预案。

在整个项目的进度安排和管理中，可以通过固定频率的项目、课题推进会和必要的专题研讨会等形式有序推进各项工作；提前开展知识产权布局、示范工程建设等长期工作，通过常态化的管理机制，使项目团队养成"长期在线"的习惯，保持合理的研究节奏，张弛有度，一定不能松懈，比如说最容易懈怠的一般是中期检查后、重大里程碑完成后的一段时间。

60．项目执行过程中，如何保障项目的研究深度？

根据指南要求和项目研究任务，首先明确并动态跟踪该领域的国内外研究现状，分析现有相关技术的不足和缺陷，在此基础上，结合项目研究内容进行深度挖掘；项目组通过开展专题研讨会进行深入的学术交流，邀请责任专家及相关领域专家进行咨询与点评，对项目的阶段性进展进行实时评估，项目组综合考虑研讨结果及专家点评意见，针对项目的研究深度和质量进行评判，并根据需要做出相应调整。

项目要突出自己的研究特色。项目组要能够实现研究点的聚焦，所获得的研究成果对于业界要有引领作用，就其中一两个关键内容做出国际公认的、甚至具有历史意义的研究成果。

在项目执行过程中，可能会出现参与单位研究内容跟项目研究内容不太吻合的情况，项目负责人和课题负责人需要对研究任务的质量和深度进行把控，必要时召开专题会议，邀请责任专家和同行专家及时加以指导，防止研究工作走偏。主动接受外界的评价和论证，不断凝聚共识，一方面是项目组要引进外界的智慧，促使项目更好地向前推进；另一方面要输出项目组的思想和理念，使外界更好的理解和认同项目的意义。

另外可通过项目研究产生的高质量论文、专利、技术报告、专著等系列成果，辅助衡量项目的研究深度和质量。

61．项目执行过程中，哪些资料应该及时收集归纳？

答

项目组从申报开始，就应该建立良好的资料收集与归纳的习惯，主要包括以下材料。

(1) 研究过程材料，项目执行过程中产生的各类型技术文档，例如设计文档、实验大纲、实验记录与分析报告、图纸、计算文件、声像文件等。

(2) 过程管理材料，项目执行过程中产生的各项管理文件，年度、中期总结汇报材料，关键节点检查意见及整改落实材料，会议材料（比如会议通知、会议签到表、会议纪要等），项目组内部的管控报告、例行汇报材料、经费执行情况以及调整记录等。

(3) 成果支撑材料，项目执行过程中产生的各类型知识产权成果、标准、科技报告、第三方测试报告、用户证明、人才培养等。

项目组妥善记录项目执行过程的"痕迹"，做好项目的全过程材料归纳与管理，及时查漏补缺，及时保存更新，有利于提升项目的执行效率和完成质量，同时为项目顺利完成综合绩效评价及后续归档工作奠定坚实的基础。

项目全过程形成的主要材料清单列可参考表3-6。

表 3-6 项目形成的主要材料清单列表

项目过程	序号	材料名称
项目立项	1	申报书（含预算申报书）
	2	立项批复
	3	项目（课题）任务书
项目执行	1	项目实施工作方案、项目相关管理制度汇编
	2	经费拨付通知
	3	科学数据汇交计划
	4	实验任务书、实验大纲
	5	实验、探测、测试、观测、观察、野外调查、考察等原始记录、整理记录和综合分析报告等
	6	设计文件和图纸
	7	计算文件、数据处理文件
	8	样品、标本等实物的目录
	9	照片、录音、录像等声像文件
	10	科技报告
	11	论文（包括检索证明）、专利、软著、专著、标准等材料
	12	第三方检测/现场见证/同行评议全套材料
	13	用户使用报告或应用证明
	14	产业化审核报告等成果产业化证明类
	15	人才培养材料
	16	与其他单位的协作协议、合同等相关文件
	17	人员/经费/单位调整申请、批复、论证会议纪要等各类材料
	18	年度/阶段执行情况报告、中期执行情况报告
	19	中期检查/评估通知、中期检查/评估意见及整改落实材料
	20	会议材料（会议通知、签到表、会议纪要等）
	21	项目组内部的管控报告、例行汇报材料、经费执行情况
项目综合绩效评价	1	综合绩效评价预通知
	2	项目综合绩效自评价报告
	3	项目下设所有课题绩效自评价报告
	4	项目成果清单
	5	科学数据汇交材料
	6	成果管理和保密情况报告
	7	项目（课题）审计报告和相关补充说明材料
	8	课题绩效评价专家个人意见表、专家组意见表及专家名单
	9	项目综合绩效评价结论书

62．哪些项目需要进行中期检查？检查内容有哪些？

答

　　项目中期检查是项目全过程管理的一个重要节点，是保障项目按计划高质量推进的重要手段，既可以对项目执行的有效促进和评定，又可以根据项目执行以来的变化进行相应的调整。

　　项目执行期为 3 年及以上的项目应在实施中期开展检查工作。项目中期检查一般采取会议检查、现场检查等方式，项目管理专业机构组建项目中期检查专家组，依据任务书所设定的中期目标和考核指标开展检查，检查内容主要包括：项目总体进展情况，关键科学问题的研究进度，发生的重大调整以及经费到位和执行情况等。

　　项目组充分利用中期检查的契机，高度重视中期检查的各项准备工作，主动总结和梳理项目进展和存在的问题，充分展示项目研究成果和完成情况，分析项目执行中后期的问题与风险，认真落实项目管理专业机构和专家组提出的各项意见与整改要求，及时提交整改工作方案。

　　项目管理专业机构负责组织项目中期检查工作，项目管理专业机构可根据项目中期检查意见，对项目牵头单位提出整改要求，必要时可研究提出对项目进行调整、撤销或终止的处理意见，按程序报科技部审核或备案。

　　《科技部资源配置与管理司关于印发〈国家重点研发计划项目中期检查工作规范（试行）〉的通知》（国科资函〔2018〕3 号）要求：

　　国家重点研发计划实行项目中期检查制度，执行期为 3 年及以上的项目应在实施中期开展检查工作，目的在于及时了解项目执行进展情况，发现和解决项目实施中的重大问题，对项目能否完成预定任务目标做出判断。

　　项目中期检查的重点包括以下内容。

　　（1）项目总体进展情况，特别是任务书规定的中期目标和考核指标完成情况，发生的重大调整情况；

　　（2）项目已取得的突出进展；

　　（3）项目一体化组织实施、协同推进情况，项目牵头单位和负责人履职尽责情况；

（4）项目资金到位和执行情况、会计核算和资金使用规范性，人员投入情况，支撑条件保障情况等；

（5）项目执行中存在的主要问题，包括技术路线执行方面遇到的问题，因政策、市场等外部环境变化导致的问题，项目组织管理、协调中存在的问题，人员投入、资金管理使用和支撑条件保障方面存在的问题等。

63．如何推进项目研究需要的示范工程落实？

对于需要示范工程落地的项目，项目示范工程既是衡量项目理论研究成果主要依据，也是项目成果应用的集中体现，示范工程的成功建设对项目的综合绩效评价和成果的推广应用具有重大意义。

在项目申报期，根据项目研究内容同期筹划项目示范工程，考察与选择示范工程承担单位，重点梳理工程需要解决的实际问题，有针对性地进行工程规划，明确通过项目的成果应用所能达到的预期成效。

在项目立项后，项目组要充分考虑到落实工程所需的审批环节多，如征用土地、社会影响评价、环境影响评价等手续比较多，不确定性强，招投标采购及实施流程周期长等困难，建议早做准备；项目组及时与工程的负责方加强沟通协调，整理涵盖示范工程全环节流程，将各环节的推动落实到单位，责任落实到人，通过全环节把控，保障示范工程顺利落实。

在工程立项和建设过程中，项目组需要充分论证工程示范的项目成果、验证的内容与指标、预计达到的示范效果等，可以邀请项目管理专业机构及相关专家对示范工程方案进行论证和评审。

项目牵头单位、课题承担单位和示范工程承担单位依据项目任务书、课题任务书和相关协议确定的职责履行管理和组织实施责任，加强对示范工程实施的过程管理，统筹协调项目、课题有关参与单位对示范工程实施的支持与配合。项目牵头单位需要在项目年度执行情况报告中专门针对示范工程落实和实施情况进行报告。

按照示范工程建设的不同阶段特点，项目组需要制定相应的进度管控举措，全面强化对示范工程可行性研究、初步设计、施工图设计、设备采购、项目验收等关键环节的进度管控，特别是协调做好示范工程各项实施条件准备、各参建单位进度协调等工作。

在保证项目示范工程进度的同时，全面加强示范工程的安全管理和质量管理，严格落实各方责任，制定安全风险防范措施，杜绝安全事故的发生。

64. 项目执行后期，需要关注哪些问题？

答

项目进入执行后期，需要重点关注中期检查及年度汇报时发现的问题、里程碑的完成情况、研究进度滞后的情况、项目考核指标的缺项以及经费使用情况。对于已投运的设备及示范工程，应做好运行维护工作。

建议对照任务书认真梳理，重点核对与研究目标及考核指标的差距，通过举办推进会、专题会等形式，分析查找问题，制定解决方案，专项督办，尽早完成查缺补漏；在经费执行方面，提高执行效率，避免"突击花钱"。

如有需要及时进行调整，按照科技部相关规定，在项目执行期结束前6个月内，原则上不应提出调整事项申请。

三、调整变更

65. 项目执行过程中，可能出现哪些调整事项？

答

调整事项是指项目任务书约定的、但在执行过程中发生变化、可能影响项目任务目标完成的有关事项。项目执行过程中，可能出现的调整事项主要有以下几方面。

(1) 项目层面的调整。项目牵头单位、项目负责人、项目实施周期、项目主要研究目标、考核指标、项目总预算调剂、项目终止与撤销。

(2) 课题层面的调整。课题承担单位、课题负责人、课题参与单位、课题主要研究目标、考核指标、课题间任务调整及预算调剂。

(3) 一般人员的调整。项目/课题骨干、其他研究人员、临时人员。

(4) 一般经费预算的调剂。课题总预算不变，课题参与单位间调剂等；课题总预算不变，直接费预算调剂、间接费用调减；其他来源资金总额不变、不同单位之间调剂。

（5）其他情况。项目承担单位名称变更、机构合并，项目／课题负责人身故、重大疾病等。

66．项目执行过程中，调整事项的处理原则是什么？

项目组应充分尊重契约精神，维护项目任务书的权威性和严肃性，对于项目任务书确定的目标和主要约束条件，不得随意调整；如确需调整，应有充分依据，向相关专业机构提出书面申请或备案；专业机构也可根据项目年度、中期检查等情况提出调整意见。在项目执行期结束前6个月内，项目牵头单位原则上不应提出调整事项申请。

对于项目主要研究目标、考核指标、经费分配等事宜的调整和项目撤销或终止，专业机构在启动处理工作程序前，会进行必要的专家咨询或现场调研、考察，确保处理依据真实可信、科学合理。

调整事项分类如下。

（1）重大调整事项。包括项目牵头单位、课题承担单位、项目负责人、课题负责人、项目实施周期、项目主要研究目标和考核指标等调整事项；以及由上述情况导致的项目预算总额调剂事项。重大调整事项，由项目牵头单位向专业机构提出申请，专业机构审核评估后，报科技部审核。

（2）重要调整事项。包括课题参与单位、课题间任务调整及预算调剂，课题主要研究目标和考核指标等调整事项。重要调整事项由项目牵头单位或课题承担单位逐级向专业机构提出申请，专业机构按照有关规定审核评估。

（3）项目撤销或终止事项。包括经实践证明项目技术路线不合理、不可行，或项目无法实现任务书规定的进度且无改进办法；项目执行中出现严重的知识产权纠纷；完成项目任务所需的资金、原材料、人员、支撑条件等未落实或发生改变导致研究无法正常进行；组织管理不力或者发生重大问题导致项目无法进行；项目实施过程中出现严重违规违纪行为，严重科研不端行为，不按规定进行整改或拒绝整改；项目任务书规定其他可以撤销或终止的情况。由项目牵头单位书面报告或由项目管理专业机构提出，报科技部审核。

（4）其他一般性调整事项。项目骨干及其他参加人员调整，课题预算总额不变、课题参与单位之间预算调剂，课题预算总额不变，设备费预算调剂，由课题负责人或参与单位的研究任务负责人提出申请，所在单位审批；课题总预算不变，除设备费外的其他直接费用调剂可由课题负责人或参与单位的研究任务负责人根据科研活动实际需要自主安排。承担单位应当按照国家有关规定完善内部管理制度。课题间接费用总额不变、课题参与单位之间调剂的，由课题承担单位与参与单位协商确定。

对于项目其他来源资金的调剂，在符合国家重点研发计划相关调整要求下，按照出资方要求执行。项目其他来源资金总额不变、不同单位之间调剂，由项目牵头单位审批，报专业机构备案；项目其他来源资金总额不变、承担单位内部预算调剂的，按照出资方要求执行。

对于重要程度不确定的调整事项应及时向项目管理专业机构咨询。

项目涉及的非经费类调整事项详见图 3-2，经费类调整事项详见图 3-3。

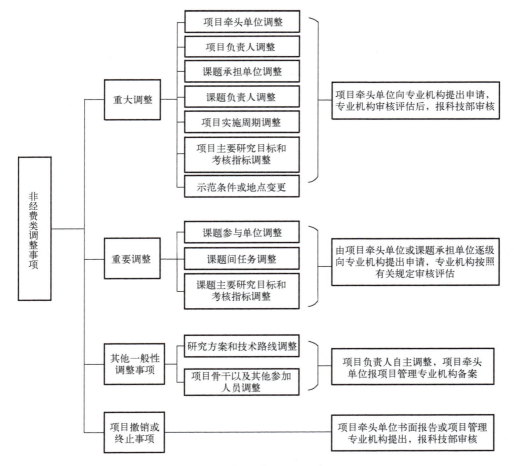

图 3-2　非经费类调整事项

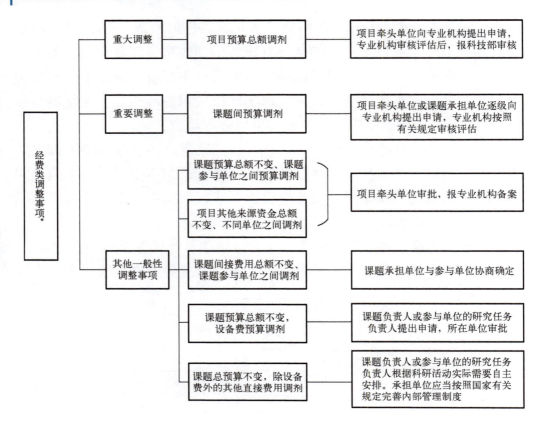

*本图所列经费，除特别指明外，均指专项经费

图 3-3 经费类调整事项

67．项目执行过程中，项目承担单位是否可以调整？

一般情况下，项目牵头单位原则上不予调整。

课题承担单位、课题参与单位的调整，由项目牵头单位或课题承担单位逐级向专业机构提出申请，专业机构审核评估后，按有关规定审批或报科技部审核。

68．项目执行过程中，项目成员如果调整了工作单位或岗位，是否需要调整？

一般情况下，项目负责人原则上不予调整。

根据项目（课题）执行情况确定，如果项目（课题）负责人的工作单位或岗位调整影响了项目（课题）的执行，在原项目（课题）负责人同意的情况下，由项目（课题）牵头单位向项目管理专业机构提出调整申请。

项目/课题骨干及其他研究人员调整由项目负责人结合项目进展情况自主决定，并在遵守科研人员限项规定及符合诚信要求的前提下自主决定，报项目管理专业机构备案。

项目研发人员不应以申报新项目为目的，退出现有项目研发团队；项目（课题）负责人和项目骨干退出项目研发团队后，在原项目执行期内原则上不得牵头或参与申报新的国家科技计划重大项目（含国家科技重大专项和国家重点研发计划项目）。

69．项目执行过程中，任务和指标难以达到或不能完成，是否可以调整？

答

项目主要研究目标和考核指标的调整属于重大调整事项，原则上不予调整，如因客观条件确实需要调整，应由项目组提出，并对调整事项开展专家论证，经过项目管理专业机构审核，由专业机构提出调整建议，报科技部相关司局审批。

70．项目执行过程中，研究方案和技术路线是否可以调整？

答

可以调整，在项目执行过程中，当科研人员发现研究方案或技术路线需要调整时，在不影响研究方向和考核指标的前提下，由项目负责人组织论证并自主调整。确需调整的，应尽快调整。

《科技部 财政部关于进一步优化国家重点研发计划项目和资金管理的通知》（国科发资〔2019〕45号）规定：

科研项目实施期间，科研人员可以在研究方向不变、不降低考核指标的前提下自主调整研究方案和技术路线，由项目牵头单位报项目管理专业机构备案。

71. 项目执行过程中，项目实施周期是否可以调整？

可以调整，但原则上只能调整一次，需要在项目执行期结束前 6 个月提出延期申请，延期时间原则上不超过 1 年。

> 《科技部办公厅关于印发〈国家重点研发计划项目综合绩效评价工作规范（试行）〉的通知》（国科办资〔2018〕107 号）要求：
>
> 项目因故不能按期完成须申请延期的，项目牵头单位应于项目执行期结束前 6 个月提出延期申请，经专业机构提出意见报科技部审核后，由专业机构批复。项目延期原则上只能申请 1 次，延期时间原则上不超过 1 年。

72. 项目执行过程中，出现哪些情况项目可能会撤销或终止？

项目执行过程中，项目任务书签署方均可提出撤销或终止项目的建议。项目管理专业机构对撤销或终止建议研究提出意见，报科技部审核后，批复执行。可能出现的情况包括以下几个方面。

（1）经实践证明，项目技术路线不合理、不可行，或项目无法实现任务书规定的进度且无改进办法。

（2）项目执行中出现严重的知识产权纠纷。

（3）完成项目任务所需的资金、原材料、人员、支撑条件等未落实或发生改变导致研究无法正常进行。

（4）组织管理不力或者发生重大问题导致项目无法进行。

（5）项目实施过程中出现严重违规违纪行为，严重科研不端行为，不按规定进行整改或拒绝整改。

（6）项目任务书规定其他可以撤销或终止的情况。

对于因非正当理由致使项目撤销或终止的，项目管理专业机构通过调查核实或后评估明确责任人和责任单位，依规进行科研诚信记录。

第4篇 成果篇

本篇导读

国家重点研发计划项目在执行过程中会产生很多的研究成果和知识产权，这些都是项目团队智慧和汗水的结晶。在项目综合绩效评价时，对研究成果和知识产权有认定的基本原则和具体要求，项目团队要尽早清楚这些原则和要求，避免高质量的成果不能作为项目评价或验收的对象，给项目团队留下遗憾。

项目研究成果和知识产权是评价项目执行质量的关键要素。本篇由研究成果和知识产权两部分组成，共计 25 个问题，梳理了项目研究成果和知识产权的相关要求，供项目团队参考。

一、研究成果

73. 项目成果主要有哪些类型？对应的考核指标是什么？

答

项目组要提前做好专利、论文、标准、专著等成果布局，在项目执行过程中持续进行梳理提炼，更好地提高项目成果质量，形成项目成果体系，为项目综合绩效评价提供有力的支撑。

项目成果主要包括以下类型。

(1) 新理论、新原理。

(2) 新产品、新技术、新方法、新工艺。

(3) 应用解决方案。

(4) 装备、装置、关键部件、新药、新医疗器械等。

(5) 数据库、软件。

(6) 标准、临床指南/规范。

(7) 新建生产线、示范工程。

(8) 科技报告。

(9) 知识产权，主要包括专利、专著、论文、软著等。

(10) 其他（人才培养）等。

考核指标一般指项目完成的相应成果的数量指标、技术指标、质量指标、应用指标和产业化指标等。数量指标可以为产品、专利、论文等的数量；技术指标可以为关键技术、产品的性能参数等；质量指标可以为产品的耐震动、高低温、无故障运行时间等；应用指标可以为成果应用的对象、范围和效果等；产业化指标可以为成果产业化的数量、经济效益等。

同时，考核指标也应包括支撑和服务其他重大科研、经济、社会发展、生态环境、科学普及需求等方面的直接和间接效益，如对国家重大工程、社会民生发展等提供了关键技术支撑，成果转让并带动了环境改善、实现了销售收入等。

74．项目研究成果确定的基本原则是什么？

 答

　　项目形成的研究成果，包括论文、专著、样机、样品等，应标注"国家重点研发计划资助"字样及项目编号，英文标注："National Key R&D Program of China"。第一标注的成果作为验收或评估的确认依据。

　　项目成果确定的基本原则如下。

　　（1）内容相关性，成果是由项目研究产生的。

　　（2）主体相关性，研究成果的人员与单位属于项目团队。

　　（3）时间相关性，成果产出的时间在项目执行周期内。

　　项目组立足科研诚信，应避免以下科研失信行为。

　　（1）抄袭剽窃、侵占他人研究成果。

　　（2）编造研究过程、伪造研究成果，买卖实验研究数据，伪造、篡改实验研究数据、图表、结论、检测报告或用户使用报告等。

　　（3）买卖、代写、代投论文或项目报告、验收材料等，虚构同行评议专家及评议意见。

　　（4）无实质学术贡献署名等违反论文、专利等署名规范的行为。

　　（5）重复发表，引用与论文内容无关的文献等。

75．新理论、新原理、新技术、新方法、新工艺、新产品分别指什么？

答

　　（1）新理论是联系实际推演出来的，是人类进步的一种体现方式，它是指新的理论体系取代旧的理论体系，新理论的基础是事实和实验，例如提出进化论、相对论、博弈论等。

　　（2）新原理是指发现并提出具有普遍意义的最基本的规律。科学的原理，由实践确定其正确性，可作为其他规律的基础，例如提出万有引力定律、电磁感应定律等。

　　（3）新技术是指根据生产实践经验和自然科学原理而发展成的各种新的工艺操作方法与技能，或者在原有技术上的改进与革新，例如5G技术、

3D打印技术、区块链技术等。

（4）新方法指达到某种目的而采取的新途径、新步骤、新手段等，例如新冠病毒抗原检测方法、分布式电源集群划分方法等。

（5）新工艺是指创新或改进把原材料或半成品加工成产品的工作、方法、技术等，例如柔性硅薄膜太阳电池新工艺、锂离子混合超级电容器新工艺等。

（6）新产品指采用新技术原理、新设计构思研制、生产的全新产品，或在结构、材质、工艺等某一方面比原有产品有明显改进，从而显著提高了产品性能或扩大了使用功能的产品，例如神舟系列载人飞船、奥密克戎株新冠疫苗、超临界煤气发电机组等。项目形成的软硬件新产品作为成果提交时，一般应进行第三方测试，具体要求详见测试篇。

76．应用解决方案是指什么？

应用解决方案是指针对某些已经体现出的，或者可以预期的问题、不足、缺陷、需求等等，提出并可投入实际应用的解决整体问题的方案，同时能够确保加以快速有效地执行，例如新型智慧城市大数据应用解决方案、交直流混合微电网应用解决方案等。应用解决方案作为项目成果提交时，一般应通过系统仿真或示范工程验证。

77．示范工程具体有哪些要求？

示范工程完成后，项目牵头承担单位应组织开展示范工程现场验收工作，重点关注示范了哪些项目成果，是否满足任务书要求，示范的效果如何，还存在哪些问题。项目组在示范工程验收前应根据示范工程的规模、性质等制定现场验收方案，报项目管理专业机构审核，现场验收可选择第三方机构检测、专家评议等方式进行，查验相关文件和记录，对示范内容完整性、考核指标达标情况、科技问题解决情况等进行验收评价，形成现场验收意见。

示范工程类成果的考核一般以应用证明或用户使用报告为主要评测方法。应用证明或用户使用报告内容必须与考核指标一一对应，应用证明或用户使用报告应详细说明用户使用项目成果的内容、使用情况和效果，并明确应用效果指标的测算依据、方法、边界条件。

示范工程的验收，一般有运行时间和数据积累的要求，具备条件的项目，可以对投运前后的数据进行收集与对比，项目组需要结合项目进度和绩效评价的相关要求，规划好示范工程的建设和投运时间，同时注意相关数据的妥善保存。

78．科技报告有哪些类型？具体有哪些要求？

科技报告主要包括最终科技报告、阶段性科技报告、专题技术报告等。

最终科技报告是指项目结题前完成的全面描述研究过程和技术内容的科技报告。每个项目（课题）在综合绩效评价前应撰写一份最终科技报告。

阶段性科技报告是指项目年度或中期检查时撰写的描述本年度研究过程和进展的年度技术进展报告。研究期限超过 2 年（含 2 年）的项目，应根据管理要求，每年撰写一份年度技术进展报告。

专题报告是指在项目实施过程中撰写的包含科研活动细节及基础数据的专题科技报告（如实验报告、试验报告、调研报告、技术考察报告、设计报告、测试报告等）。项目（课题）应根据研究内容、期限和经费强度，撰写数量不等的专题科技报告。

科技报告涉及项目科研的全过程，要求内容翔实，能够如实、完整地描述和反映科研过程和结论。科技报告应按照合同或任务书的要求和《科技报告编写规则》（GB/T 7713.3—2014）、《科技报告编号规则》（GB/T 15416—2014）、《科技报告保密等级代码与标识》（GB/T 30534—2014）等相关国家标准组织撰写科技报告，提出科技报告密级和保密期限、延期公开和延期公开时限。

79．科技报告的公开类别及时限有哪些具体规定？

公开项目的科技报告的公开类别分为公开或延期公开。

内容需要发表论文、申请专利、出版专著或涉及技术诀窍的，可标注为"延期公开"。

需要发表论文的，延期公开时限原则上在 2 年（含 2 年）以内；需要申请专利、出版专著的，延期公开时限原则上在 3 年（含 3 年）以内；涉及技术诀窍的，延期公开时限原则上在 5 年（含 5 年）以内。

涉密项目科技报告按照有关规定管理。

80. 标准包括哪些类型？

标准是指通过标准化活动，按照规定的程序经协商一致制定，为各种活动或其结果提供规则、指南或特性，供共同使用和重复使用的文件（GB/T 20000.1-2014《标准化工作指南第 1 部分：标准化和相关活动的通用术语》）。

标准的制定和类型按使用范围划分有国际标准、区域标准、国家标准、行业标准、地方标准、团体标准以及企业标准。

国际标准：ISO/IEC/ITU 及其确认并公布的其他国际组织（26 个），一般以英、法文本为主。

区域标准：国际相关地区标准化组织制定，区域内使用。

国家标准：国家强制性标准"GB"，国家推荐性标准"GB/T"，国家标准化指导性技术文件"GB/Z"，GJB 国家军用标准，GSB 国家实物标准，GBW 国家标准物资，JJG 国家计量等。

行业标准：代号 DL、NB、SJ、YD 等（50 余个），由各行业标准化组织归口管理。

地方标准：代号 DB** 由地方标准化行政主管部门发布。

团体标准：由团体组织按照确立的标准制定程序自主制定发布，由社会自愿采用的标准。

企业标准：企业生产的产品没有国家标准和行业标准的，可以制定企业标准，作为组织生产的依据，并报有关部门备案。

我国国家标准和行业标准的制定程序如图 4-1，ISO/IEC 的标准制定程序如图 4-2。

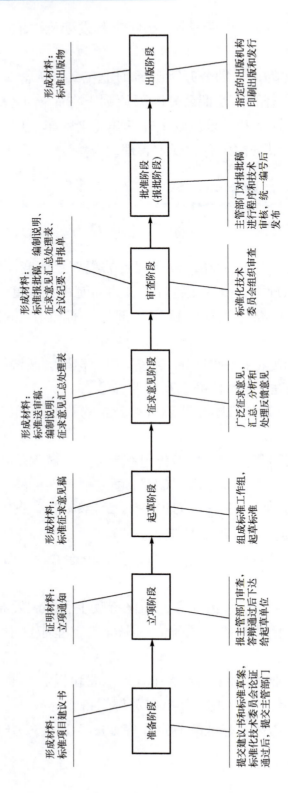

图 4-1 国家标准、行业标准制定程序

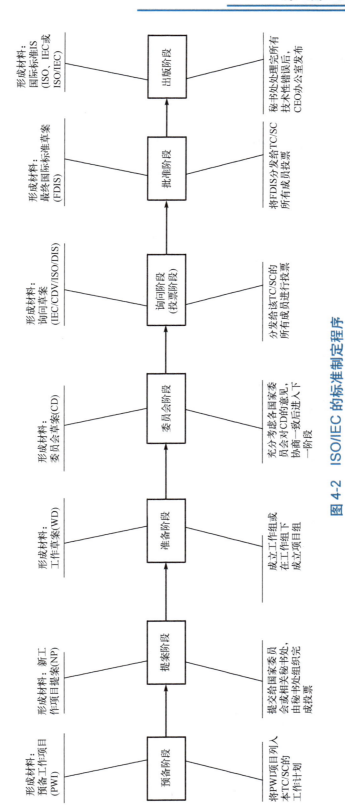

图 4-2 ISO/IEC 的标准制定程序

81. 标准成果的具体要求是什么？

（1）标准的立项时间一般应在项目周期内，标准编制时间应与项目研究周期相关（标准的送审、报批或发布在项目周期内，作为项目成果更有说服力），标准内容应与项目研究内容相关。

（2）考虑到标准申请、立项和编写等环节周期较长，标准的立项时间在项目立项时间之前，但标准的编写过程在项目周期内，内容与项目研究成果直接相关，也可作为项目成果，具体要求以项目管理专业机构的要求为准。

（3）标准的编制单位包括项目（课题）的承担单位，标准的编制人员包括至少一位项目（课题）研究人员；考虑到标准的协商一致原则，促进社会效益最佳为目的（国家标准 GB/T 3935.1-1996《标准化和有关领域的通用术语 第一部分：基本术语》），支持非项目（课题）参与单位、人员共同编制标准。

（4）同一个标准可作为不同项目的成果，但是要说明各项目在标准中支撑了哪些条文的编写。

82. 标准成果的提交形式是什么？

（1）已经立项的标准需提供正式立项通知或发文。

（2）送审的标准需提供标准送审稿、编制说明、征求意见汇总处理表、标准审查意见和专家签字表。

（3）报批的标准需提供报批函（盖章件）、申报单（盖章件）、报批稿、申报单（盖章件）、标准正文、编制说明、和征求意见汇总处理表征求意见汇总处理表和送审意见汇总处理表。

（4）发布的标准需提供标准出版物原件或扫描件。

83. 人才培养包括哪些内容？具体有哪些要求？

答

项目除了完成科技创新、技术攻关外，还有一个最重要的作用是人才培养和团队建设。国家重点研发计划项目是个很好的平台，有科学研究、技术研发、工程建设、管理协调等众多的工作，对各类型的人才培养都是很好的机会。

1）人才培养对象

（1）研究生培养，包括硕士研究生、博士研究生等。

（2）研究人员、博士后、技术人员、管理人员的培养，包括职称或职业资格的获得与晋升。

（3）高层次人才等培养，如院士、领军人才等。

（4）科研团队水平提升，创新团队的建设。

2）人才培养的要求

（1）应为项目团队成员。

（2）应在项目执行周期内完成。

（3）取得的成果与项目相关。

3）人才培养提供的证明材料

（1）研究生毕业论文应有项目标注，且为第一顺序标注，如无法标注，在参与项目经历及致谢中体现；毕业论文需提供封面、目录、致谢页。

（2）研究人员、技术人员培养应提供职称或职业资格证明，博士后出站报告应有项目标注，且为第一顺序标注，如无法标注，在参与项目经历及致谢中体现。

（3）高层次人才等应提供相关证明材料。

（4）科研团队水平提升，创新团队的建设提供项目团队提升的证明材料。

（5）其他相关证明材料。

84．项目产出的成果归谁所有？

答

项目成果归属是一件严肃的事情，项目团队应充分沟通，在项目（课题）任务书及协议中进行明确。

（1）项目承担单位合作研究开发的技术成果及其相关知识产权以及申报奖励、发布成果的权利，由合作方共同享有。各方的权益分配，建议按照实际贡献考虑并按照国家有关规定执行。

（2）项目承担单位分别独立完成的技术成果及其对应的知识产权以及申报奖励、发布成果的权利，由各完成单位独自所有。

（3）通过其他来源资金支持完成的成果应同时满足资金出资方的要求。

（4）项目的科技成果均属职务创造，权利主体一般为成果完成单位，完成人享有职务成果的人身权和部分财产权，如署名权、标识权、荣誉权等。

二、知识产权

85. 项目知识产权主要包括哪些？

项目知识产权，是指在项目执行期间，因项目实施本身而创造的知识产权，即特征主要有，知识产权在项目执行期间形成，由实施项目本身而创造。

知识产权是权利人依法就下列客体享有的专有的权利。

（1）作品（论文、专著、工程设计图、计算机软件等）。

（2）专利（发明、实用新型、外观设计）。

（3）商标。

（4）地理标志。

（5）商业秘密。

（6）集成电路布图设计。

（7）植物新品种。

（8）法律规定的其他客体。

知识产权的主要特点包括：

（1）知识产权是一种无形财产。

（2）知识产权具备专有性的特点。

（3）知识产权具备时间性的特点。

（4）知识产权具备地域性的特点。

（5）大部分知识产权的获得需要法定的程序。

项目的知识产权成果主要包括论文、专利（发明、实用新型、外观设计）、软著、专著等。

86．项目产出的知识产权归谁所有？

在项目执行过程中，为了更好地维护各项目承担单位的利益，项目产生的专利等知识产权归属问题应当通过协议方式加以明确。原则上可在协议中约定各自独立完成的知识产权由各自享有，共同完成的知识产权由各合作方共同享有，如有需要可约定各合作方对共有知识产权的利用及利益分配。

按照《中华人民共和国专利法》相关规定，专利创造过程中，各合作方对专利归属没有约定或约定不明确的，申请专利的权力属于完成或共同完成的单位或者个人。

按照《中华人民共和国科学技术进步法》相关规定，国家鼓励利用财政性资金设立的科学技术计划项目所形成的知识产权首先在境内使用。知识产权向境外的组织或者个人转让，或者许可境外的组织或者个人独占实施的，应当经项目管理机构批准。

关于知识产权的署名，应遵循科研诚信与实事求是的原则，依据承担单位和个人做出的实际贡献进行署名，比如知识产权成果的主要思想提出者、方案和技术路线的设计者、研究实验数据的提供与分析者、成果文件的起草者或在修改方面做出了实质贡献者等。

87．论文成果的具体要求是什么？

答

（1）论文的收稿日期及录用日期应在项目研究周期内，论文应有标注且为第一标注或唯一标注（标注内容为"国家重点研发计划资助"字样及项目编号，英文标注"National Key R&D Program of China"及项目编号），论文内容应与项目内容相关。

（2）论文应写作规范，引用准确，杜绝一稿多投，建议标注项目总计不超过 3 个，并能解释不同标注项目之间的关系（如配套项目），比如同属一个技术方向的有关联关系的研究内容。科技部的随机抽查会要求项目组解释标注超过 5 个以上项目的论文成果，并说明项目基本研究内容、执行期和贡献情况等。

（3）鼓励发表高水平论文，及时关注《国际期刊预警名单（试行）》等信息，审慎选择成果发表平台，保证成果质量；鼓励优先在高质量国内科技期刊发表。

（4）加强论文发表署名管理，严禁对论文无实质贡献的人员"挂名"，不建议出现非项目承担单位或非项目人员。但在项目执行过程中，确因研究需要或学术交流，非项目承担单位的人员参与了论文的撰写或为论文做出了一定的贡献，或者是不同项目之间交流合作中发表的论文，可以署名，但不能作为第一作者或通讯作者，其所在单位不能作为第一完成单位。

（5）杜绝论文买卖、代写、代投等学术不端行为。不推荐论文"拆分发表"，引用的图片、数据等需要得到授权，避免抄袭且不标注引用、编造数据等。

（6）风险提示，在项目结束后的科技部牵头组织的"飞行检查"中，会随机抽查论文作者对文章的贡献，尤其是排名靠后的作者；会对发表的论文进行查重，建议发表的论文重复率不要过高。

88．论文代表作制度的要求是什么？

根据《科技部印发〈关于破除科技评价中"唯论文"不良导向的若干措施（试行）〉的通知》（国科发监〔2020〕37号）等相关文件的要求：

对于基础研究类项目（课题），对论文评价实行代表作制度，根据科技活动特点，合理确定代表作数量，代表作数量原则上不超过5篇，其中，国内科技期刊论文原则上应不少于1/3。强化代表作同行评议，实行定量评价与定性评价相结合，重点评价其学术价值及影响、与当次科技评价的相关性以及相关人员的贡献等，不把代表作的数量多少、影响因子高低作为量化考核评价指标。在申报书、任务书、年度报告等材料中，重点填报代表作对相关项目（课题）的支撑作用和相关性；在立项评审、综合绩效评价、随机抽查等环节，重点考核评价代表作的质量和应用情况。

对于应用研究、技术开发类项目（课题），不把论文作为申报指南、立项评审、综合绩效评价、随机抽查等的评价依据和考核指标，不得要求在申报书、任务书、年度报告等材料中填报论文发表情况。

89．论文成果的提交形式是什么？

答

在项目任务书中一般说明了论文成果的具体要求，比如录用或发表，应满足任务书规定的要求。任务书中明确要求发表的，其刊出时间应在项目周期内。具体提交形式如下。

（1）已刊出的期刊论文需提供封面、目录、正文全文，会议论文需提供论文集封面、目录、正文全文、检索证明。

（2）未刊出论文需提供录用通知与正文全文。

（3）专项经费出资发表的文章需提供项目牵头单位出具的"三高论文"认定材料或论文通讯作者或第一作者所在单位学术委员会必要性审核文件的原件扫描件。

90．什么是"三类高质量论文"？如何认定？

答

（1）《科技部印发〈关于破除科技评价中"唯论文"不良导向的若干措施（试行）〉的通知》（国科发监〔2020〕37号）中指出，鼓励发表高质量论文，包括发表在具有国际影响力的国内科技期刊、业界公认的国际顶级或重要科技期刊的论文，以及在国内外顶级学术会议上进行报告的论文，简称"三类高质量论文"。

（2）上述期刊、学术会议的具体范围由本单位的学术委员会本着少而精的原则确定，其中，具有国际影响力的国内科技期刊参照中国科技期刊卓越行动计划入选期刊目录确定；业界公认的国际顶级或重要科技期刊、国内外顶级学术会议由本单位学术委员会结合学科或技术领域选定。对于"三类高质量论文"的研究成果，可按高质量成果进行考核评价。发挥同行评议在高质量成果考核评价中的作用。

91．论文的发表费用支出有额度限制吗？

答

一般没有额度限制，但由国拨资金资助发表的论文，单篇论文发表支出费用超过 2 万元人民币的，需提供该论文通讯作者或第一作者所在单位学术委员会对论文发表的必要性审核文件（国科发监〔2020〕37 号）。

对于国家科技计划项目产生的代表作和"三类高质量论文"，发表支出可在国家科技计划项目专项资金按规定据实列支，其他论文发表支出均不允许列支（国科发监〔2020〕37 号）。

对于发表在"黑名单"和预警名单学术期刊上的论文，相关的论文发表支出不得在国家科技计划项目专项资金中列支。不允许使用国家科技计划项目专项资金奖励论文发表，对于违反规定的，追回奖励资金和相关项目结余资金。

92．专利成果的具体要求是什么？

（1）专利内容是项目研究成果，与项目研究内容应高度相关。

（2）专利的申请应在项目研究周期内（具体时间以专利受理通知书为准，即专利申请日）。

（3）专利权人应是任务书中的法人单位及相关单位，专利发明人是项目组成员及项目承担单位相关人员。

专利权是指专利权人在法律规定的范围内独占使用、收益、处分其发明创造，并排除他人干涉的权利。专利发明人包括职务发明人和非职务发明人（非职务发明，是指既不是执行本单位的任务，也没有主要利用单位提供的物质技术条件所完成的发明），故项目的专利所有发明人应为职务发明人，应是项目组人员及项目承担单位相关人员。因为项目参与单位均为具备独立法人资格的单位接受经费资助，为避免相关法律风险，应避免非相关人员署名。

93．专利成果的提交形式是什么？

已受理未授权的专利需提供受理通知书，必要时提供专利说明书首页；已授权的专利需提供专利授权证书。

94. 软件著作权成果的具体要求是什么？如何提交软著成果？

答

（1）软件著作权的申请应在项目研究周期内（具体时间以计算机软件著作权登记证书的开发完成日期为准），软件著作权的内容与项目研究内容应相关；著作权人应是项目单位及相关单位。

（2）软件著作权需要提供软件著作权登记证书。

（3）项目成果为软件时，除提供软件著作权登记证书外，还需要提供第三方测试报告。

95. 专著的具体要求是什么？如何提交专著成果？

答

（1）专著申请时间应在项目研究周期内，专著内容应与项目研究内容相关，专著的主要作者应是项目组成员。

（2）专著需提供封面、版权页、前言页、目录页和致谢页（如有），前言页或者致谢页体现项目资助信息。

96. 专著出版的价值和意义是什么？

答

项目成果专著是对项目研究过程和研究成果的选择、梳理、编辑和出版发行的过程，使项目成果中的精华部分得以更广泛地传播和传承。

国家重点研发计划的定位就是为国民经济和社会发展主要领域提供持续性的支撑和引领。重点研发计划项目都是事关产业核心竞争力、整体自主创新能力和国家安全的战略性、基础性、前瞻性重大科学问题、重大共性关键技术和产品、重大国际科技合作的研究课题，项目的研究目的是旨在解决我国经济社会发展中的重大科学问题，取得具有重要影响的创新成果。这些重大科研项目理论成果和实践经验的整理和出版，对于项目成果的总结和推广具有重要的作用，并且，对于相关领域科学研究向更高处推进具有重要意义。

可以说，项目成果出版发行，既是对过往科学研究的总结，对研究人员过去成绩的肯定，也是对未来科学研究的奠基，对未来科研人员的启示，承前启后，不可或缺，是重点研发计划项目成果的重要表现形式。

97. 专著出版的注意事项有哪些？

如果希望能将项目成果结集出版，那么在项目立项做规划时就应该把出版工作纳入其中。

项目成果作为专著出版，不同于发表科研论文，也不同于项目报告，其发表主旨和读者对象皆不相同，必须在立项之初就对此有明确的定位，做好著作出版的准备工作。

(1) 明确项目成果出版的要求。在项目立项或者进行过程中，要提前明确项目成果出版的时间，提前明确参与编写人员，使参编人员在项目进行过程中就全方面了解项目的进度和成果。

(2) 做好项目资料的收集和准备工作。如项目的数据和图表等，都是在项目进行过程中产生的，往往项目结束后很难再去复现，而这些又是著作中非常重要的内容，需要在项目执行过程中着意收集整理，做好素材的准备。

(3) 提前确定出版社。著作出版过程中，提前选好出版社非常重要。不同的出版社都有各自的出版要求和规范，在著作准备之初就确定好出版社，可以使编辑更早介入到图书的撰写过程，加强作者和编辑之间的沟通，提前了解图书编写基本规范，减少稿件的反复修改，提高书稿质量，从而提高著作的质量。

第5篇 测 试 篇

本篇导读

　　测试可以定量的描述成果的状态和特征，是项目研发过程中的一个必要环节，第三方测试与评议是评价项目成果的重要手段。

　　客观、专业、权威的第三方测试是科学评价项目成果的关键。本篇就第三方测试、见证测试等相关内容进行介绍，共计 13 个问题，希望能够帮助项目团队明确项目成果第三方测试的相关要求和注意事项。

98．评价考核项目软硬件成果的测试方式有哪几种？

 答

评价与考核项目软硬件成果的测试方式主要有第三方测试、现场见证测试、同行评议等形式。

软硬件成果的考核指标以第三方测试为主要评测方法，若无法开展第三方测试的情况可采取现场见证测试、同行评议等方式，详见表6-1。

表6-1　项目软硬件成果的考核方式

成果形式	测试依据	考核方式的描述
设备、装置、系统、平台、软件等	国际／国家／行业标准；鉴定／检测规程；认证技术标准规范	（1）由具有相关资质的第三方检测机构根据 XXX 标准／规程等进行测试，提交加盖 CNAS 或 CMA 等资质认证章的测试报告 （2）特殊情况（如长期运行）：承担单位根据 XXX 标准／规程进行测试，提供原始实验／运行数据及测试报告，由第三方现场考察专家组见证考核，形成现场见证报告
	无相关标准／规程等，编制的测试方案	（1）编制测试方案，测试方案通过第三方专家评审论证后，由具有检测能力的第三方检测机构进行测试，提交测试报告 （2）编制测试方案，测试方案通过第三方专家评审论证后，承担单位提供原始实验／运行数据及测试报告，由第三方现场考察专家组见证考核，形成现场见证报告 （3）编制测试方案，测试方案通过第三方专家评审论证后，承担单位提供原始实验／运行数据及测试报告，报告通过行业协会／学会组织的第三方同行专家评审，形成评审报告

煤炭行业的国家重点研发计划项目一般都会把取得矿用产品安全标志证书作为一项重要的考核方式；考虑到安标证取证周期较长，有些项目考核方式为取得工业性试验证书。

99．哪些成果需要进行第三方测试？

 答

项目任务书中明确考核方式为第三方测试的研究成果以及专业机构、责任专家或项目组认为有必要进行第三方测试的软硬件成果，应进行第三方测试；设备、系统、平台、关键部件、实验装置、数据库、软件、工程工艺、示范工程等类型成果的考核指标一般以第三方测试为主要评测方法。

主要测试的内容一般为技术指标和质量指标，技术指标可以为关键技术、产品的性能参数等；质量指标可以为产品的耐震动、高低温、无故障运行时间等。

100．第三方测试机构的选取原则是什么？

（1）具有客观性，第三方测试机构应是相对独立的，可以客观开展测试的独立机构，保障测试结果的公正。

（2）具有专业性，应积累大量的专业测试经验，能够高标准、高质量的完成测试任务，根据测试内容选择对口的第三方机构。

（3）具有权威性，测试机构应通过国家权威认证。测试机构具有 CNAS 资质、CMA 资质，二者都有是最全面的。

对于没有相关标准的成果，很难找到含有 CNAS、CMA 资质授权的测试机构，要多方面评估测试机构的能力。另外，测试机构的社会影响力也是要考虑的，比如国家级、省部级实验室，或者是国家标委会秘书处的承担单位等。

101．第三方测试有哪些要求？

第三方测试一般遵循以下要求。

（1）项目组依据项目任务书和相关标准编制测试方案（测试大纲），经审核后开展第三方测试。

（2）测试内容必须与考核指标一一对应，一般情况下为系统级别的综合性测试。

（3）选择具有相关资质且有本领域检测能力的第三方测试机构，原则上应遵循项目参与单位回避原则。若测试单位确实无法回避的，需说明理由并经项目管理专业机构同意。

对于有相关标准的，依据国际 / 国家 / 行业标准、鉴定 / 检测规程、认证技术标准规范进行测试，测试通过后，出具加盖 CNAS 或 CMA 等资质认证章测试报告。

对于没有相关标准的，经过项目管理专业机构同意，依据通过专家评审论证后的测试方案（测试大纲）进行第三方测试，测试通过后，出具加盖检测章或者公章的测试报告。

102．第三方测试时，一般需要注意哪些问题？

（1）对第三方测试机构的人员、设备仪器的能力进行评估，能够满足成果的测试要求。

（2）第三方测试机构的测试排期能够满足项目进度的时间要求，大型测试机构的测试排期有时会很长，甚至有的特殊检测项目要排队一年以上。

（3）测试方案要提前与第三方测试机构沟通好，尤其在细节方面，如测试地点、测试时间，双方提供的仪器设备和义务等。以免测试过程中发生不必要的争议。比如测试中，第三方测试机构认为项目组应该到实验室进行调试，但项目组认为，既然委托给第三方测试机构，就不需要承担其他工作，双方提前商量好细节，有利于测试的顺利完成。

（4）测试费用的结算方式。一般第三方测试机构是先收费后做测试，如果需要测试完成后付款，需要前期充分沟通。

103．第三方测试过程中是否需要录制视频作为凭证，测试波形和过程要全程记录吗？

第三方测试过程中录制视频不是必需的，全程记录也不是必需的，CNAS或者国际惯例要求测试数据可以有效溯源即可。实验的全程，记录必要信息即可。

项目组可以根据需要和测试机构做好沟通，保存必要的过程记录或数据（视频、图像等），实验前要根据标准和项目组的需求把必要的信息确认好。

104．第三方测试过程中，被测设备出现故障如何处理？

答

需要看项目组的测试目的进行相应处理。

（1）项目组为摸底被测设备性能。这种情况下，如果出现故障，可以与测试方沟通，继续进行其他测试内容或者停止实验，根据结果出具测试报告。

（2）项目组为证明被测设备的研发完成情况或定型产品获得相应资质。这种情况下，如果出现故障，根据不合格的项目，终止实验，出具不合格报告，明确指出哪些项目合格，哪些项目不合格，哪些项目由于不合格没有进行测试。

105．如何才能取得盖CNAS、CMA印章的第三方测试报告？

（1）CNAS（China National Accreditation Service for Conformity Assessment）中国合格评定国家认可委员会，是根据《中华人民共和国认证认可条例》的规定，由国家认证认可监督管理委员会批准设立并授权的国家认可机构，统一负责对认证机构、实验室和检验机构、审定与核查机构的认可工作。中国合格评定委员会授权的 CNAS 实验室认可证书，都会有相应的附表（标准、检测内容项目、检测范围）。通过 CNAS 认可的检测实验室，在进行其获得授权的标准及对应的检测项目测试时，测试完成后，方可出具盖有 CNAS 章的测试报告。

除国家标准、行业标准可以作为测试依据，国际标准、团体标准、企业标准也可以作为测试依据，也可以由 CNAS 授权给第三方测试机构。但采用企业标准作为测试依据时，需要对企业标准进行评定，并且向认可委进行报备申请，通过认可委审核后方可使用。超范围使用 CNAS 印章是很严重的情节，一旦被认可委查出就会对出具报告的机构进行暂停标识使用、吊销 CNAS 资质证书等处罚，具体的处罚情况要结合违规盖章导致的后果及负面影响的程度进行综合考虑。简单说，CNAS 是代表所具备的限定范围内的能力和资格。

（2）CMA（China Inspection Body and Laboratory Mandatory Approval），检验检测机构资质认定的简称，是根据《中华人民共和国计量法》及其实施细则、《中华人民共和国认证认可条例》等法律、行政法规的规定，由国家市场监管总局或省级市场监管机关对第三方检验检测机构的能力及可靠性进行的一种全面的评价，是一种行政许可。许可的对象是所有对社会出具公正数据的产品质量监督检验机构及其他各类检验检测机构；如各种产品质量监督检验机构、环境检测站等。

取得检验检测机构资质认定的机构，允许其在检验报告上使用 CMA 标记；有 CMA 标记的检验报告可用于产品质量评价、成果及司法鉴定，具有法律效力。简单说，CMA 是代表所具备的限定范围内的资格和法律效力。

106. 能否在项目承担单位及其相关单位进行第三方测试？

项目考核指标的测试原则上选择第三方机构进行测试，一般应回避项目承担单位以及关联方。特殊情况下，比如出现第三方机构测试能力不足，交由第三方机构测试代价过大等原因，经项目管理专业机构审核批准后，可在项目承担单位或承担单位关联方进行测试。

107. 现场见证测试的过程是什么？有哪些要求？

现场见证测试的测试方案通过第三方专家评审论证后，承担单位提供原始实验/运行数据及测试报告，由第三方考察专家组现场见证考核，并形成现场见证报告。

现场见证测试应遵循以下要求。

（1）项目组依据项目任务书编制见证测试方案，按照项目管理专业机构要求进行测试方案评审或审核，通过后开展测试，出具测试报告，并提供原始实验/运行数据供专家组审查。

（2）测试方案应包括测试依据、测试方法、测试条件、测试步骤、测试预期结果等。

（3）见证测试的专家组建议包括责任专家，专家组人数为 3 人及以上，现场进行见证考核，形成现场见证报告。

（4）专家选取应遵循回避原则，专家专业必须与见证内容强相关，且具备正高级技术职称（企业一线专家可放宽至副高级技术职称）。

108. 同行评议的过程是什么？有哪些要求？

同行评议的测试方案通过第三方专家评审论证后，承担单位提供原始实验/运行数据及测试报告，测试报告通过行业协会/学会组织的第三方同行专家评审，并形成评审报告。

同行评议的要求可参照现场见证测试，测试报告通过行业协会/学会组织的第三方同行专家评审，形成评审报告。

109. 现场见证测试、同行评议需要提交哪些资料？

现场见证测试、同行评议一般需要提交以下资料。

（1）通过审核或评审的见证测试方案。

（2）测试报告及原始实验/运行数据。

（3）详细的测试过程记录或录像。

（4）经专家签署的见证测试意见/评审报告。

（5）需要提交的其他资料。

110. 测试完成的时间有什么要求？

项目成果的所有测试应在项目执行周期内完成，测试时间与测试报告签发日期均应在项目执行周期内。

研究成果完成后，具备测试条件的宜及时开展第三方测试、现场见证测试或同行评议，有利于发现问题及时整改。

第6篇 数据篇

本篇导读

科学数据汇交工作的进行，将提升我国科学数据工作水平，发挥国家财政投入产出的综合利用效益，提高科技创新、经济社会发展、国家安全、人民健康等方面的支撑保障能力。国家重点研发计划项目在完成科学数据汇交工作后，方可进行项目综合绩效评价。

项目团队具备科学数据汇交的意识和科学数据收集、制备的习惯是高质量完成科学数据汇交的关键。本篇就如何完成科学数据汇交进行介绍，共计 15 个问题，希望能够帮助项目组了解科学数据汇交的具体要求与工作流程。

111．科学数据汇交是什么？

答

　　科学数据主要包括在自然科学、工程技术等领域，通过基础研究、应用研究、试验开发等产生的数据，以及通过观测监测、考察调查、检验检测等方式取得并可用于科学研究活动的原始数据及其衍生数据。

　　按照《科学数据管理办法》（国办发〔2018〕17号）的文件要求，政府预算资金资助的各级科技计划（专项、基金等）项目所形成的科学数据，应由项目牵头单位汇交到相关科学数据中心。接收数据的科学数据中心应出具汇交凭证。

　　科学数据汇交是后续数据发布与共享的基础。

112．科学数据汇交的政策依据有哪些？

答

　　(1) 2018年2月13日，科技部 财政部关于印发《国家科技资源共享服务平台管理办法》的通知（国科发基〔2018〕48号）。

　　(2) 2018年3月17日，国务院办公厅关于印发科学数据管理办法的通知（国办发〔2018〕17号）。

　　(3) 2018年12月14日，科技部办公厅印发《国家重点研发计划项目综合绩效评价工作规范（试行）》（国科办资〔2018〕107号）。

　　(4) 2019年12月26日，科技部办公厅关于印发《科技计划项目科学数据汇交工作方案（试行）》的通知（国科办基〔2019〕104号）。

113．为什么要进行科学数据汇交？

答

　　(1) 国务院办公厅印发的《科学数据管理办法》中明确要求"各级计划（专项、基金等）项目管理部门应建立先汇交科学数据、再验收科技计划（专项、基金等）项目的机制"。

　　(2) 科技部办公厅印发的《国家重点研发计划项目综合绩效评价工作

规范（试行）》（国科办资〔2018〕107号）要求，在项目正式综合绩效评价前，应提交有关方面认可的科学数据中心出具的汇交凭证。

114．科学数据汇交的基本原则是什么？

科学数据汇交应遵循以下原则。

（1）**真实可靠**。按照实际产生的科学数据进行提交，保证数据的真实性和可靠性。在进行项目综合绩效评价及课题绩效评价时，数据存在弄虚作假的，均按未通过处理。

（2）**及时完整**。在规定的程序和期限内，按时、完整汇交，确保数据的及时性和完整性。

（3）**科学规范**。按照相关标准规范加工处理，确保汇交科学数据可发现、可获取、互操作和可重复利用。

同时，科学数据汇交的数据一般开放为常态、不开放为例外，没有特别需要均应选择完全共享。

115．科学数据汇交有哪些流程？

科学数据汇交主要包括以下流程。

（1）科学数据汇交计划制定。

（2）科学数据制备。

（3）科学数据提交。

（4）科学数据审核。

（5）科学数据汇总。

（6）科学数据发布与共享。

（7）科学数据使用与维护更新。

其中，科学数据汇交计划的编制由项目牵头单位及项目组完成，汇交数据自我查证后提交国家科学数据中心审查，审查通过后，提交项目管理专业机构审核。项目组按照审核通过后的计划制备科学数据并提交，以上流程国家科学数据中心给予规范化的咨询服务与汇交环境支持并进行形式审查，组织同行质量评议，通过后向项目组出具科学数据汇交凭证。

后续，国家科学数据中心会进行科学数据的管理与维护，对科学数据共享应用情况进行统计，鼓励各项目牵头单位及项目组对所提交的科学数据进行持续更新与归档。

科学数据汇交主要流程详见图6-1。

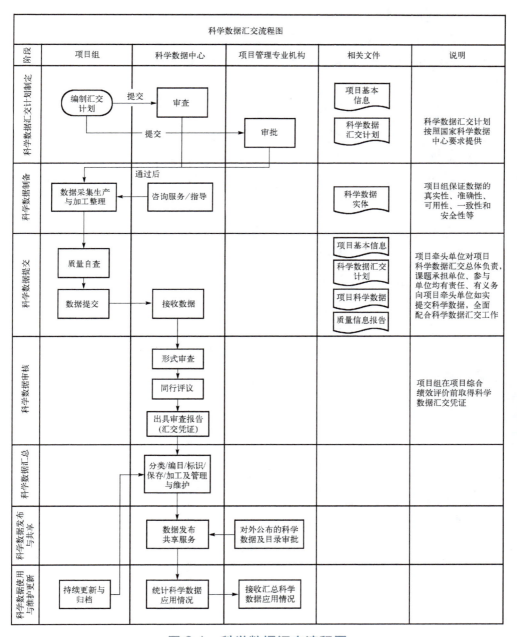

图 6-1 科学数据汇交流程图

116．如何制定科学数据汇交计划？

　　项目立项后，项目组应按照项目管理专业机构和任务书的要求，及时编制科学数据汇交计划，指导项目执行过程中的数据制备。

　　科学数据汇交计划应包括以下内容。

　　（1）描述项目拟产生的科学数据情况，主要包括数据内容、采集方案、采集地点、采集时间、设备情况等基本信息。

　　（2）编制计划汇交的科学数据清单，主要包括科学数据集名称、数据类型、预估数据量／记录数、数据格式、共享方式、公开时间、对应考核指标等。

　　（3）科学数据质量控制说明，描述科学数据制备过程中所开展的质量控制、质量保证等措施，包括科学数据的来源、采集、加工、处理等各环节的质量控制措施等内容。

　　（4）科学数据的软件工具说明，描述用于科学数据处理、加工和分析的专门辅助软件工具的基本信息，包括但不限于软件名称、用途、开发工具、运行环境、开发单位、所属项目、课题编号、备注等信息。

　　（5）科学数据的衍生数据的使用原则、使用期限与长期保存、汇交技术方案（数据提交方式、命名规则、安全策略）等。

　　数据汇交计划编制完成后提交至相关国家科学数据中心和项目管理专业机构，经科学数据管理方审查并由项目管理专业机构审批后实施。

117．如何进行项目科学数据制备？

　　科学数据汇交计划通过审查后，项目组应遵照科学数据汇交计划和相关标准规范，进行规范化的科学数据采集生产与加工整理，按规定格式形成科学数据的数据元信息。国家科学数据中心应对科学数据的制备工作提供指导。

　　制备的对象是科学数据的实体，是指项目研究形成的原始数据及基于原始数据或研究分析数据所形成的完整数据库或数据文件。主要包括以下类型。

（1）考核指标 / 任务书中明确的数据库 / 数据集，即基于原始数据或研究分析数据所形成的完整数据库或数据文件。

（2）关键考核指标的支撑数据，比如论文、专利、标准等成果的支撑数据，新产品、新技术性能指标的测试数据，第三方测评与专家论证评审数据。

（3）原始数据，比如原始性观测数据、探测数据、试验数据、实验数据、调查数据、考察数据等。

（4）分析数据，比如多维度数据分析、统计数据分析。

（5）运行数据，比如项目所属设备运行、信息系统、云平台等项目期数据。

在项目执行过程中，加强对数据汇交的政策、方法及汇交计划的宣贯，建立对上述数据良好的收集习惯，及时记录整理，避免临近结题时数据收集压力过大。

项目组应建立科学数据质量控制体系，负责科学数据的质量控制，保证数据的真实性、准确性、可用性、一致性和安全性等。

项目牵头单位对项目科学数据汇交总体负责，课题承担单位、参与单位均有责任、有义务向项目牵头单位如实提交科学数据，全面配合科学数据汇交工作。

118．哪些数据不需要进行数据汇交？

答

（1）涉密数据，涉密应由相应的资质机关、单位依法定密。

（2）涉及个人隐私、企业或社会机构等不适合公布的敏感数据，必要时需进行脱敏处理后再提交。

（3）项目实施过程中，使用的第三方数据可不汇交，但通过第三方数据分析处理后的数据应该汇交。

（4）项目产生的论文、专利、研究报告等成果不属于科学数据，但支撑上述成果的科学数据应该汇交，在汇交时，建议说明科学数据支撑产生的成果。

（5）测试报告也不属于科学数据，但是测试报告是成果考核的重要方式，其测试数据应当汇交，相应的测试报告作为测试数据的质量控制文档一并提交。

119．如何进行汇交材料的提交？

科学数据提交原则上应在项目执行期按照项目开展情况及时提交，并在科技项目综合绩效评价前全部完成。

项目组应按照科学数据汇交计划，对计划汇交的科学数据进行汇总整理，对科学数据质量进行自查，编制科学数据质量信息报告，并将相关材料提交至国家科学数据中心。

提交的材料一般包括：

(1) 项目基本信息。

(2) 项目科学数据汇交计划。

(3) 项目科学数据，主要包括项目科学数据集实体数据、数据描述信息（元数据）、项目科学数据使用说明、项目科学数据质量报告、项目科学数据关联成果、项目工具软件元数据（如有）等。

项目组要重视数据汇交工作，提前熟悉数据汇交流程，做好汇交时间整体规划，充分预留专家评审时间，安排合适人员认真对接，及时整改完善。

项目组提交科学数据汇交材料后，国家科学数据中心组织评审通过后，向项目组出具科学数据汇交凭证。

科学数据汇交提交材料详见图 6-2。

120．什么是科学数据实体？

科学数据实体是在科技项目执行过程中形成的原始数据及基于原始数据或研究分析数据所形成的完整数据库或数据文件。

数据库是结构化的数字对象的表达，可以是通用的数据库格式，也可以是专用的数据库格式。数据文件是非结构化的一个或多个数字对象的集合。

121．什么是元数据？

元数据是关于数据的数据，我们周围的一切信息和资源都可以用元数据来描述，元数据会从资源中抽取用来说明其特征和内容的结构化数据，用于组织、管理、保存、检索信息和资源。

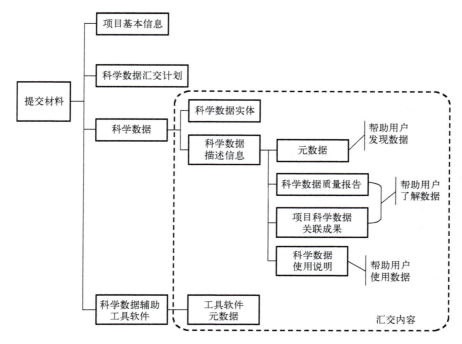

图 6-2　科学数据汇交提交材料

对重点研发计划项目科学数据汇交而言，为了支持共享用户发现、了解、访问和使用数据，需要为每个数据集填写一条相应的数据集元数据信息。每条元数据的数据集名称应严格对应于科学数据汇交计划中的一个数据集名称。

122. 科学数据质量信息报告主要包括哪些内容？

科学数据质量信息报告主要包括数据质量总体说明、科学数据质量控制详细说明、质量控制措施补充说明等。

项目负责人、项目承担单位应对数据质量报告的真实性做出担保，承诺所提交科学数据的质量满足《科学数据管理办法》和其他科学数据汇交管理规范的要求。

123．科学数据审核包括哪些工作?

科学数据审核一般包括形式审查和同行评议，国家科学数据中心收到项目组提交的材料后，按照科学数据汇交计划和科学数据质量控制体系要求进行形式审查，通过组织开展科学数据质量同行评议等方式对科学数据质量进行评估。

审核过程一般需要两个月左右的时间，主要取决于项目组对工作的理解程度、材料准备情况、审核效率等因素。

形式审核着重于合规性、一致性、完整性及安全性等方面的检查，即对照科学数据汇交计划，检查实际提交的数据和数据描述信息是否符合相关标准要求，是否与汇交计划一致，对数据质量不做深入研究。

同行评议着重于数据的真实性、准确性及可用性等方面的检查，即主要是数据质量进行检查，做出专业判断，确保数据质量达到一定的水平。

当审核通过时，国家科学数据中心应出具审查报告作为汇交凭证。若提交的科学数据存在问题，项目组及项目牵头单位应及时进行修改并重新提交。

124．如何选择科学数据汇交机构?

科技部、财政部联合发布《科技部财政部关于发布国家科技资源共享服务平台优化调整名单的通知》（国科发基〔2019〕194 号）公布了 20 家国家科学数据中心，比如国家基础学科公共科学数据中心、国家高能物理科学数据中心、国家基因组科学数据中心等均可以作为科学数据汇交机构，建议优先选择项目管理专业机构推荐的国家科学数据中心，或者按照学科就近原则自行联系。

125．如何使用开放共享的科学数据？

按照科技部、财政部会同相关部门制定并发布国家平台发展的相关规划与布局，国家科学数据中心将全面支持科技项目科学数据汇交，以及汇交数据的在线发布，同时，汇交数据的元数据也将同步提交至国家基础条件平台门户站点，并可能为每个重点研发计划项目生成相对独立的子站点，按照提交方设定的发布权限配置共享权限和审批流程，实现分类分级共享。

除提供统一的多维度元数据搜索外，还支持数据实体的访问、下载、接口服务，以及常见数据格式的在线可视化等。

第7篇 财 务 篇

本篇导读

国家重点研发计划的执行离不开科研经费的支撑，如何更高效地管理和使用好项目资金，是项目高质量执行的必要条件。一方面相关部门下放权限，简化流程，切实给科研人员减负，让科研人员能够潜心从事科学研究；一方面项目承担单位要设计出科研经费管控的有效措施，守住底线，划清边界，提高资金的使用效益，保证财政资金的安全。

项目承担单位落实好法人主体责任，按照《国家重点研发计划资金管理办法》和国家相关财经法规及财务管理规定，完善相关内控制度是项目经费合规使用的关键。本篇分基本要求、编制与使用、审计与评价 3 部分进行介绍，共计 40 个问题，希望能够帮助项目团队解答一些和项目相关的财务问题，供项目团队参考。

一、基本要求

126．在项目申报和执行过程中，财务预算编制与管理的国家文件、政策依据有哪些？

答

(1) 财政部关于印发《中央和国家机关差旅费管理办法》的通知（财行〔2013〕531 号）。

(2) 国务院关于改进加强中央财政科研项目和资金管理的若干意见（国发〔2014〕11 号）。

(3) 国务院印发关于深化中央财政科技计划（专项、基金等）管理改革方案的通知（国发〔2014〕64 号）。

(4) 财政部《关于调整中央和国家机关差旅住宿费标准等有关问题的通知》（财行〔2015〕497 号）。

(5) 中共中央办公厅 国务院办公厅印发《关于进一步完善中央财政科研项目资金管理等政策的若干意见》（中办发〔2016〕50 号）。

(6) 财政部关于印发《中央和国家机关工作人员赴地方差旅住宿费标准明细表》的通知（财行〔2016〕71 号）。

(7) 财政部关于印发《中央和国家机关会议费管理办法》的通知（财行〔2016〕214 号）。

(8) 财政部关于印发《中央财政科研项目专家咨询费管理办法》的通知（财科教〔2017〕128 号）

(9) 财政部 外交部关于调整因公临时出国住宿费标准等有关事项的通知（财行〔2017〕434 号文件）。

(10) 科技部 财政部关于印发《国家重点研发计划暂行管理办法》的通知（国科发资〔2017〕152 号）。

(11) 科技部关于印发《国家重点研发计划资金管理办法》以及配套实施细则的通知（国科发资〔2017〕261 号）。

(12) 关于进一步做好中央财政科研项目资金管理等政策贯彻落实工作

的通知（财科教〔2017〕6 号）。

（13）国务院关于优化科研管理提升科研绩效若干措施的通知（国发〔2018〕25 号）。

（14）中共中央办公厅 国务院办公厅印发《关于进一步加强科研诚信建设的若干意见》（2018 年 5 月 30 日）。

（15）中共中央国务院《关于全面实施预算绩效管理的意见》（2018 年 9 月 1 日）。

（16）科技部办公厅关于印发《国家重点研发计划项目综合绩效评价工作规范（试行）》的通知（国科办资〔2018〕107 号）。

（17）国务院办公厅印发《关于抓好赋予科研机构和人员更大自主权有关文件贯彻落实工作的通知》（国办发〔2018〕127 号）。

（18）科技部 财政部关于进一步优化国家重点研发计划项目和资金管理的通知（国科发资〔2019〕45 号）。

（19）科技部等 6 部门印发《关于扩大高校和科研院所科研相关自主权的若干意见》的通知（国科发政〔2019〕260 号）。

（20）科技部印发《关于破除科技评价中"唯论文"不良导向的若干措施（试行）》的通知（国科发监〔2020〕37 号）。

（21）科技部 财政部 发展改革委关于印发《中央财政科技计划（专项、基金等）绩效评估规范（试行）》的通知（国科发监〔2020〕165 号）。

（22）关于加强和改进国家重点研发计划项目（课题）结题审计相关工作的通知（国科资函〔2021〕13 号）。

（23）国务院办公厅关于改革完善中央财政科研经费管理的若干意见（国办发〔2021〕32 号）。

（24）科技部办公厅关于坚决遏制国家重点研发计划项目（课题）"突击花钱"中"四风"问题的通知（国科办资〔2021〕36 号）。

（25）关于印发〈国家重点研发计划资金管理办法〉的通知（财教〔2021〕178 号）（注：该文对财科教〔2016〕113 号进行了修订）。

（26）关于中央财政科技计划（专项、基金等）经费管理新旧政策衔接有关事项的通知（财教〔2021〕173 号）。

（27）科技部办公厅关于进一步完善国家重点研发计划项目综合绩效评价财务管理的通知（国科办资〔2021〕137 号）。

（28）《〈关于扩大高校和科研院所科研相关自主权的若干意见〉问答

手册》（国科办政〔2022〕5 号）。

(29) 科技部等七部门关于做好科研助理岗位开发和落实工作的通知（国科发区〔2022〕185 号）。

(30)《中央财政科技计划项目（课题）结题审计指引》（2022 年 6 月 29 日）。

127. 为什么要做好项目预算？

国家重点研发计划重点专项项目实行预算管理。

对于需要提交《项目预算申报书》的项目，项目组应认真编制预算，预算的编制要坚持任务相关性、政策相符性和经济合理性，实事求是编制提出课题预算，《项目预算申报书》的质量会影响专家对项目申报团队水平的判断，并直接影响项目专项经费的金额。

经过批复的项目预算，作为任务书签订、资金拨付、预算执行、财务验收和监督检查的重要依据，项目组需要在项目时高度重视并做好预算编制工作。

128. 预算编制的基本原则是什么？

"政策相符性、目标相关性和经济合理性"是预算编制的基本原则，项目组应科学、合理、真实地编制预算。

《财政部 科技部关于印发〈国家重点研发计划资金管理办法〉的通知》（财教〔2021〕178 号）要求：

重点专项项目预算由收入预算与支出预算构成。项目预算由课题预算汇总形成。

收入预算包括中央财政资金和其他来源资金。对于其他来源资金，应当充分考虑各渠道的情况，并提供资金提供方的出资承诺，不得使用货币资金之外的资产或其他中央财政资金作为资金来源。

支出预算应当按照资金开支范围编列，并对各项支出的主要用途和测算理由等进行说明。

项目申报单位应当按照政策相符性、目标相关性和经济合理性原则，科学、合理、真实地编制预算，对设备费、业务费、劳务费预算应据实编制，不得简单按比例编制。

《科技部关于印发〈国家重点研发计划资金管理办法〉配套实施细则的通知》（国科发资〔2017〕261号）规定：

（1）项目（课题）收入预算由中央财政资金预算和其他来源资金预算构成，其他来源资金预算包括地方财政资金、单位自筹资金和其他资金。因资金来源各有不同，在编报预算时要结合项目（课题）任务实际需要以及资金来源方的要求编制预算，做到全面、完整、真实、准确填报，不得虚假承诺配套。

（2）项目（课题）支出预算的开支范围和开支标准，应符合《国家重点研发计划资金管理办法》及国家财经法规的规定。

政策相符性：项目（课题）预算科目的开支范围和开支标准，应符合国家财经法规和《国家重点研发计划资金管理办法》的相关规定。

目标相关性：项目（课题）预算应以其任务目标为依据，预算支出应与项目（课题）研究开发任务密切相关，预算的总量、结构等应与设定的项目（课题）任务目标、工作内容、工作量及技术路线相符。

经济合理性：项目（课题）预算应综合考虑国内外同类研究开发活动的状况以及我国相关产业行业特点等，与同类科研活动支出水平相匹配，并结合项目（课题）研究开发的现有基础、前期投入和支撑条件，在考虑技术创新风险和不影响项目（课题）任务的前提下进行安排，并提高资金的使用效益。

129．预算编制中各单位职责如何划分？

项目牵头单位组织各课题单位共同编制项目课题预算申报书，项目下设多个课题的，以课题为单元编制预算，课题分解为多个子任务的，课题承担单位和参与单位共同编制课题预算，并对预算的真实性负责，课题承担单位不得代替参与单位编制预算。

预算中包含多渠道预算，如果指南要求有地方配套及单位自筹的既要有金额数也要提供预算简要说明，自筹经费由多个单位分别承担的要按照单位及课题分解。

130. 预算编制需要的准备工作有哪些？

（1）项目预申报阶段，申报单位依据专项年度项目申报指南拟安排中央财政资金总额，据实提出所需项目资金预算总额。

（2）项目正式申报阶段，充分了解项目中央财政资金预算指导数，中央财政资金预算总额不得突破指导数，其他来源资金预算须符合项目申报指南的匹配要求。

（3）明确项目（课题）的研究目标、任务、技术路线、研究周期、参加单位、参加人员、任务分解等内容，签订联合申报协议，依据各自的任务对专项经费额度进行分解，落实其他资金来源渠道及其使用要求等。

（4）项目组可根据需要邀请相关领域技术专家、财务专家对预算的编制进行指导。

131. 预算主要有哪些科目？各科目经费有比例要求吗？

答

项目预算由中央财政资金预算和其他来源资金预算构成。

对于中央财政资金预算，重点专项项目资金由直接费用和间接费用组成。

直接费用主要包括设备费、业务费、劳务费。直接费用各科目无比例要求。

间接费用有明确的比例要求。项目申报时，中央财政资金间接费用预算金额在申报系统中按照比例自动计算生成。

对于其他来源资金预算，按照资金提供方的要求编制，具体科目与中央财政资金一致。

《财政部 科技部关于印发〈国家重点研发计划资金管理办法〉的通知》（财教〔2021〕178 号）规定：

第二十一条　项目申报单位应当按照政策相符性、目标相关性和经济合理性原则,科学、合理、真实地编制预算,对设备费、业务费、劳务费预算应据实编制,不得简单按比例编制。对仪器设备购置、参与单位资质及拟外拨资金进行重点说明,并申明现有的实施条件和从单位外部可能获得的共享服务。直接费用中除50万元以上的设备费外,其他费用只提供基本测算说明,不需要提供明细。

第二十二条　结合承担单位信用情况,间接费用实行总额控制,按照不超过课题直接费用扣除设备购置费后的一定比例核定。具体比例如下:

（一）500万元及以下部分为30%;

（二）超过500万元至1000万元的部分为25%;

（三）超过1000万元以上的部分为20%。

132. 项目中央财政资金拨付流程是什么?

项目牵头单位收到专业机构的中央专项资金拨款后,依据项目任务书,按照逐级拨付的要求及时拨付至课题承担单位,由课题承担单位依据课题任务书拨付至课题参与单位。

《财政部 科技部关于印发〈国家重点研发计划资金管理办法〉的通知》（财教〔2021〕178号）规定:

重点研发计划资金实行财政授权支付。专业机构应当按照国库集中支付制度规定,根据不同类型科研项目特点、研究进度、资金需求等,合理制定经费拨付计划,在项目任务书签订后30日内,向项目牵头单位拨付首笔项目资金。

项目牵头单位应当根据项目负责人意见,及时向课题承担单位拨付资金。课题承担单位应当按照研究进度,及时向课题参与单位拨付资金。课题参与单位不得再向外转拨资金。

逐级拨付资金时,项目牵头单位或课题承担单位不得无故拖延资金拨付,对于出现上述情况的单位,专业机构可采取约谈、暂停项目后续拨款等措施。

133. 拨付的中央财政资金经费是否需要开具发票？

答

可以不开具发票。根据《财政部关于行政事业单位资金往来结算票据使用管理有关问题的补充通知》（财综〔2010〕111 号）文件规定，行政事业单位取得具有横向资金分配权部门（包括投资主管部门、科技主管部门、国家自然科学基金管理委员会、国家出版基金管理委员会等）拨付的基本建设投资、科研课题经费等，形成本单位收入的，可凭银行结算凭证入账；转拨下级单位或其他相关指定合作单位的，属于暂收代收性质，可使用行政事业单位资金往来结算票据。项目（课题）承担单位为企业的，虽然单位性质不同，但资金性质相同，可参照上述规定执行。

项目（课题）牵头承担单位确实需要发票的，根据《财政部关于行政事业单位资金往来结算票据使用管理有关问题的补充通知》（财综〔2010〕111 号）参与单位收到牵头承担单位转拨的专项经费，可向当地税务机关提供相关资料后申请免税开增值税税票，票面标注 0 税率发票或免税。

134. 项目资金管理包括哪些环节？中央财政资金和其他来源资金的管理有什么区别？

答

（1）项目（课题）资金管理主要包括立项和预算管理、项目（课题）资金管理与核算、项目（课题）直接费用管理、项目（课题）间接费用管理、项目（课题）过程及验收管理等环节，详见图 7-1。

（2）中央财政资金按照财政部、科技部有关办法管理执行，其他来源资金应当按照国家有关会计制度和相关资金提供方的具体要求管理。当其他来源资金有相关要求时，按照出资方要求进行预算编制并执行。

审计时，中央财政资金和其他来源资金均按照《中央财政科技计划项目（课题）结题审计指引》的相关要求执行。

《财政部 科技部关于印发〈国家重点研发计划资金管理办法〉的通知》（财教〔2021〕178 号）规定：

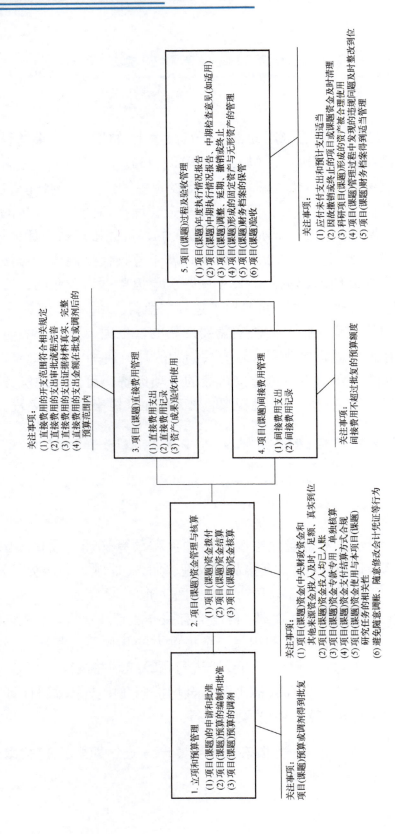

图 7-1 项目（课题）资金管理的主要环节

承担单位应当将重点研发计划项目资金纳入单位财务统一管理，对中央财政资金和其他来源资金分别单独核算，确保专款专用。按照承诺保证其他来源资金及时足额到位，并用于本项目支出。

135. 什么是单独核算？同一家单位承担多个课题，课题之间需要单独核算吗？

答

为了保障课题资金专款专用，《国家重点研发计划资金管理办法》要求项目中央财政资金和其他来源资金分别单独核算。什么是分别单独核算？"分别"指的是某一课题的中央财政资金和其他来源资金也能明确区分，"单独"是不跟别的合在一起，独自的意思；由此理解，分别单独核算指的是以课题和资金来源为核算单元，在单位现有的会计核算系统中进行收入、支出的核算，具备独立的课题明细账。

承担单位可以通过设置课题编号及资金来源，或者在单位财务系统中设置可识别的字段实现，目的是实现课题不同来源资金单独核算。为了方便识别，建议单独核算的账目体现课题名称和资金来源。

课题承担单位及参与单位均按照中央财政资金及其他来源资金分别单独核算，专款专用。如果同一家单位承担同一项目的多个课题，每个课题都需要按照中央财政资金和其他来源资金分别单独核算。

承担单位不得另启账套核算、不得账外手工辅助台账方式核算、不得以表代账，不得仅采用在摘要中列示课题信息的方式，不得随意调账等。

136. 项目由上级单位申报，经费能否在子公司或分公司执行支出？

答

项目由上级单位（集团公司或母公司）申报，不可以由具备独立法人资格的子公司执行支出，可以由不具备独立法人资格的分公司执行支出。

《科技部关于印发〈国家重点研发计划资金管理办法〉配套实施细则的通知》（国科发资〔2017〕261号）规定：

承担单位对项目（课题）资金管理使用负有法人责任，按照"谁申报项目（课题）、谁承担研究任务、谁管理使用资金"的要求，如法人单位实际承担研究任务且管理使用资金，不应以上级单位的名义申报；如以法人单位名义申报的，应由本单位组织任务实施并管理使用资金，不得将资金转拨给其下级法人单位，如大学的附属医院、集团公司或母公司的全资或控制子公司、科研院及下属的研究所等。

137．实行包干制的项目如何进行经费管理？

实行包干制的项目，一般无需编制项目预算。承担单位应当制定内部管理规定，加强对资金使用的管理、指导和监督，确保资金安全和规范有效使用。项目负责人在承诺遵守科研伦理道德和作风学风诚信要求、资金全部用于与本项目研究工作相关支出的基础上，自主决定经费使用。项目执行期满后，项目负责人应当编制项目资金决算，经承担单位审核后报专业机构。

二、编制与使用

138．预算各科目的主要用途是什么？

（1）直接费用是指在项目实施过程中发生的与之直接相关的费用。主要包括以下三种。

设备费：是指在项目实施过程中购置或试制专用仪器设备，对现有仪器设备进行升级改造，以及租赁外单位仪器设备而发生的费用，包括购置设备费、试制设备费、设备改造费和设备租赁费。计算类仪器设备和软件工具可在设备费科目列支。

业务费：是指在项目实施过程中消耗的各种材料、辅助材料等低值易耗品的采购、运输、装卸、整理等费用，发生的测试化验加工、燃料动力、

出版 / 文献 / 信息传播 / 知识产权事务、会议 / 差旅 / 国际合作交流等费用，以及其他相关支出。

劳务费：是指在项目实施过程中支付给参与项目的研究生、博士后、访问学者和项目聘用的研究人员、科研辅助人员等的劳务性费用，以及支付给临时聘请的咨询专家的费用等。

（2）间接费用是指承担单位在组织实施项目过程中发生的无法在直接费用中列支的相关费用。主要包括承担单位为项目研究提供的房屋占用，日常水、电、气、暖等消耗，有关管理费用的补助支出，以及激励科研人员的绩效支出等。

重点专项项目预算科目见图 7-2。

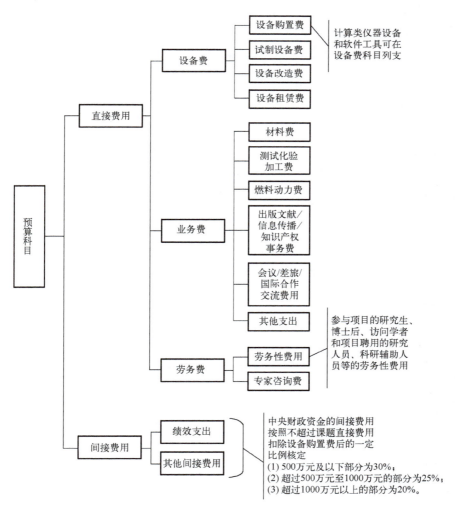

图 7-2　重点专项项目预算科目

139. 设备费的预算编制和使用需要注意哪些事项？

　　设备费是指在项目实施过程中购置或试制专用仪器设备，对现有仪器设备进行升级改造，以及租赁外单位仪器设备而发生的费用。计算类仪器设备和软件工具可在设备费科目列支。应当严格控制设备购置，鼓励开放共享、自主研制、租赁专用仪器设备以及对现有仪器设备进行升级改造，避免重复购置。

　　预算编制时应注意以下事项。

　　(1) 购置设备应为项目研究使用，严格控制常规或通用仪器设备的购置，避免重复购置。

　　(2) 设备购置费应对购置仪器设备重点予以说明，包括设备的主要性能指标、主要技术参数和用途、对项目（课题）研究的作用。

　　(3) 试制设备费是现有仪器设备无法满足项目（课题）检测、实验、验证或示范等研究任务需要而试制专用仪器设备发生的费用，一般由零部件、材料等成本，以及零部件加工、设备安装调试、燃料动力等费用构成。

　　当试制设备为过程产品时（即为完成项目（课题）任务而研制的零部件或工具性产品），试制设备发生的相关成本（含直接相关的小型仪器设备费、材料费、测试加工费、燃料动力费等）应列入试制设备费科目；当试制设备为目标产品（即项目（课题）主要任务就是研制该设备）时，应当分别在设备费、材料费、测试化验加工费、燃料动力费、劳务费等科目编列测算。

　　应区分设备购置费和设备试制费，不得为提高间接费用水平将设备购置费列入试制设备费。

　　(4) 设备改造费是指因项目（课题）任务目标的需要，对现有设备进行局部改造以改善性能而产生的费用，以及项目（课题）实施过程中相关设备发生损坏需要维修而发生的费用，一般由零部件、材料等成本和安装调试费用构成。

　　因安装使用新增设备而对实验室进行小规模维修改造的费用，可在设备改造费中编列，提供测算依据和说明。

　　(5) 设备租赁费是指项目（课题）研究过程中需要租用承担单位以外其他单位的设备而发生的费用。与项目（课题）研究任务相关的科学考察、野外实验勘探等车、船、航空器等交通工具的租赁费可在设备租赁费中列支。

(6) 研究开发所需要的软件工具在该科目列支。

(7) 不得列支承担单位自有仪器设备的租赁费用。

(8) 不得列支与项目（课题）研究任务无关的仪器设备租赁费。

(9) 专项经费不支持承担单位应具备的专用、常规或通用仪器设备，如办公、生产设备和基建设施，不支持设备维修、办公室或实验室维修改造。

使用时应注意以下事项。

(1) 设备购置是否与项目（课题）任务书的预算或调整后的预算一致。根据项目（课题）需求，如果需要采购的仪器设备发生变化，需要完成课题单位内部预算调剂申请审批手续后再进行采购。

(2) 仪器设备（购置、试制）的合同签订、付款、开发票、入库、列支均在项目执行期内（合同尾款可在执行期后）。仪器设备是项目研究过程中需要使用的，建议尽量避免在项目临近结题时购买仪器设备。

(3) 仪器设备（购置、试制）属于固定资产，应有完整的固定资产入账手续，并按单位内部的相关规定进行管理。

(4) 中央高校、科研院所、企业要优化和完善内部管理规定，简化科研仪器设备采购流程，对科研急需的设备和耗材采用特事特办、随到随办的采购机制，可不进行招标投标程序。

140. 材料费的预算编制和使用需要注意哪些事项？

答

材料费是指在项目（课题）实施过程中消耗的各种原材料、辅助材料、低值易耗品等的采购及运输、装卸、整理等费用。

预算编制时应注意以下事项。

(1) 对单笔大额支出进行重点说明。项目（课题）实施过程中消耗的大宗原辅材料、贵重材料，应详细说明其与项目（课题）任务的相关性、购买的必要性、数量的合理性等。其余辅助材料、低值易耗品可按类别简要说明。

(2) 材料的运输、装卸、整理费用主要是指采购材料时必须发生的物流运输、材料装卸、整理等费用。材料费预算编报和实际列支时，应将材料运输、装卸、整理等费用与材料出厂（供应）价格统一合并，无需列示。

（3）与专用设备同时购置的备品、备件等可纳入设备费预算，单独购置备品、备件等可纳入材料费预算。

（4）避免与试制设备费、测试化验加工费中的材料重复编列。

（5）不应编列用于生产经营和基本建设的材料。

使用时应注意以下事项。

（1）保存完整的材料明细、采购合同、货物清单、验收购入单等佐证材料。大宗材料支出的支付应采用银行转账方式结算。向关联方单位采购材料需说明其合理性、必要性。库存管理符合相关规定，科研购入材料相关购入、验收和领用手续完备，购入验收手续具有实质性管理作用。

（2）不能列支与项目（课题）无关的材料。不得列支普通办公耗材等。

（3）单位日常经营活动或生产、基本建设用材料不可以在项目（课题）材料费中列支，科研用材料的采购或领用与企业存货的计价方法有明确区分。

（4）不能列支执行期外使用的材料。所购材料的合同签订、付款、开发票、入库、出库、列支均在项目执行期内。

（5）对于企业而言，课题组购入的科研材料一般要纳入企业存货管理系统实行出入库统一管理，故课题组领用材料时一般应执行企业制订的存货发出计价方法。课题材料费支出金额应按存货发出计价方法计算的材料单价、实际领用数量确定。

141. 测试化验加工费的预算编制和使用需要注意哪些事项？

测试化验加工费是指在项目（课题）实施过程中支付给外单位（包括承担单位内部独立经济核算单位①）的检验、测试、化验及加工等费用。

预算编制时应注意以下事项。

（1）对单笔大额支出进行详细说明，说明其对项目（课题）任务的相关性、必要性。

（2）不能列支与项目（课题）任务无关的检验、测试、化验、加工费用。

---

① 内部独立经济核算单位，是指在项目承担单位统一会计制度下实行内部经济核算和独立计算盈亏的单位。承担单位应具有规范内部独立经济核算的相应管理制度，并制定统一规范的费用标准和测算依据，其承担的测试化验加工任务应按照测试、化验、加工的实际成本进行测算。

使用时应注意以下事项。

(1) 受委托的单位具备相应的（检验、测试、化验、加工）资质和能力，收费公允。大宗测试化验加工支出的支付应采用银行转账方式结算，资金实际流向与开具发票单位一致。

(2) 检验、测试、化验等应取得结果报告或分析测试报告等成果性资料；委托加工件完工后应办理完备的验收手续。

(3) 禁止列支项目（课题）执行期外发生的支出。委托事项应在项目执行期内完成。

(4) 在课题承担单位（合作单位）内部进行测试化验加工，测试化验加工部门应为独立经济核算单位，并应有内部委托、内部结算的有关规定和结算凭证。

(5) 进行第三方测试时，需关注与承接方是否存在利益关联关系。

(6) 不允许以测试化验加工费的名义分包科研任务。分包科研任务违背了科研诚信要求，应坚决杜绝。

(7) 不允许列支明显与项目（课题）无关的测试化验加工支出。

142. 燃料动力费的预算编制和使用需要注意哪些事项？

燃料动力费是指在项目实施过程中直接使用的相关仪器设备、科学装置等运行发生的水、电、气、燃料消耗费用等。

预算编制时应注意以下事项。

(1) 项目（课题）直接使用的相关仪器设备、科学装置等所消耗的水、电、气、燃料等在此科目编列。

(2) 因科考任务而发生的车、船、航空器的燃油费用，在此科目编列。

(3) 不能列支单位的日常水、电、气、暖消耗等费用。间接费用涵盖单位为项目（课题）实施提供的房屋占用，日常水、电、气、暖消耗等。

使用时应注意以下事项。

(1) 考虑到在项目（课题）实施中，大部分仪器设备或科学装置的燃料动力费难以单独装表计量，可以按照仪器设备或装置在本课题使用时间和相关参数、或者按照单位自己确定的合理分摊依据进行分摊。

(2) 应提供项目相关的水、电、气、燃料等使用付款凭证和本单位计算计量分摊依据。

（3）不能分摊项目（课题）承担单位日常运行的水、电、气、暖等支出，该类支出属于间接费用开支范围。

（4）不能列支与项目（课题）研究任务无关的燃料动力费，比如应由个人承担的汽油费。

（5）列支费用应在项目执行期内发生。

143．出版文献／信息传播／知识产权事务费用的预算编制和使用需要注意哪些事项？

出版文献／信息传播／知识产权事务费用是指在项目（课题）实施过程中，需要支付的出版费、资料费、文献检索费、查新费、专业通信费、专利申请及其他知识产权事务等费用。

预算编制时应注意以下事项。

（1）软件工具的费用不在该科目中列支，应在设备费中列支。

（2）任务目标为软件开发的，不得以定制或购买软件的形式将软件开发任务外包。

（3）不应编列日常手机和办公固定电话的通信费、日常办公网络费和电话充值卡费用等。

使用时应注意以下事项。

（1）关于专利申请及其他知识产权事务费用范围。允许列支为完成本项目（课题）研究目标而申请专利的费用，以及该专利在项目（课题）实施周期内发生的维护费用，和办理其他知识产权事务发生的费用，如计算机软件著作权、集成电路布图设计权、临床批件、新药证书等。

因专利属于单位的无形资产，专利维护费用一般应由单位自有资金解决，但考虑到为完成项目（课题）研究任务而获得的专利与项目（课题）相关，对于该专利在实施周期内的专利维护费允许在重点研发计划资金列支。

（2）不能列支与项目（课题）无关的费用，比如与项目（课题）无关的出版费、资料费、专利费，个人支出的通信费、网费等。

（3）对于国家科技计划项目产生的代表作和"三类高质量论文"，发表支出可在国家科技计划项目专项资金按规定据实列支，其他论文发表支出均不允许列支。

(4) 不能列支发表在"黑名单"和预警名单学术期刊上的论文费用。

(5) 单篇论文发表支出费用超过 2 万元人民币的，需提供该论文通讯作者或第一作者所在单位学术委员会对论文发表的必要性审核文件。

(6) 不允许使用国家科技计划项目专项资金奖励论文发表。

(7) 不能列支未标注项目（课题）资助信息的出版费用。

(8) 不能列支论文的润色／修改／翻译费用。

(9) 列支费用应在项目执行期内发生。

144．会议／差旅／国际合作交流费用的预算编制和使用需要注意哪些事项？

答

会议／差旅／国际合作交流费用是指在项目（课题）实施过程中发生的差旅费、会议费和国际合作交流费。

预算编制时应注意以下事项。

承担单位和科研人员应当按照实事求是、精简高效、厉行节约的原则，严格执行国家和单位的有关规定，统筹安排使用。

使用时应注意以下事项。

(1) 中央高校、科研院所①相关支出应符合本单位制定的相关管理规定，非中央高校、科研院所单位，差旅管理按照财政部、科技部有关办法管理执行。

(2) 承担单位应制定符合科研实际需要的内部报销规定，切实解决野外考察、心理测试等科研活动中无法取得发票或财政性票据，以及邀请外国专家来华参加学术交流发生费用等的报销问题。

(3) 不能列支与项目（课题）无关的会议／差旅／国际合作交流费，比如非项目（课题）组成员的费用、项目（课题）组成员发生的与项目（课题）无关的费用、大宗福利性的市内交通费等。

在中央财政资金中，一般只有项目团队人员可以支出项目差旅费，包括任务书中的人员和在项目执行过程中调整到项目组中的人员；项目组邀

---

① 中央高校，主要是指国务院组成部门及其直属机构在全国范围内直属管理的高等学校。科研院所，一般是指国家事业单位的研究院、研究所。

请的专家、学者及相关人员参加项目会议，如果产生差旅费，在符合相关标准的情况下，可以在项目的差旅费中支出。

（4）不能列支旅游费或变相旅游、礼品等不合理支出。

（5）列支费用应在项目执行期内发生。如预计将发生与项目（课题）绩效评价相关的必需支出，应在审计时提供预计支出说明。

《财政部 科技部关于印发〈国家重点研发计划资金管理办法〉的通知》（财教〔2021〕178号）要求：

在项目实施过程中，承担单位因科研活动实际需要，邀请国内外专家、学者和有关人员参加由其主办的会议等，对确需负担的城市间交通费、国际旅费，可在会议费等费用中报销。对国内差旅费中的伙食补助费、市内交通费和难以取得发票的住宿费可实行包干制。对野外考察、心理测试等科研活动中无法取得发票或者财政性票据的，在确保真实性的前提下，可按实际发生额予以报销。

145．中央财政资金的会议费支出内容和标准依据是什么？

关于中央财政资金会议费用的支出，中央高校、科研院所按照本单位的相关管理规定执行；非中央高校、科研院所的单位，按照财政部关于印发《中央和国家机关会议费管理办法》的通知（财行〔2016〕214号）规定执行，不能高于规定标准。

《中共中央办公厅 国务院办公厅印发〈关于进一步完善中央财政科研项目资金管理等政策的若干意见〉》（中办发〔2016〕50号）规定：

完善中央高校、科研院所会议管理。中央高校、科研院所因教学、科研需要举办的业务性会议（如学术会议、研讨会、评审会、座谈会、答辩会等），会议次数、天数、人数以及会议费开支范围、标准等，由中央高校、科研院所按照实事求是、精简高效、厉行节约的原则确定。会议代表参加会议所发生的城市间交通费，原则上按差旅费管理规定由所在单位报销；因工作需要，邀请国内外专家、学者和有关人员参加会议，对确需负担的城市间交通费、国际旅费，可由主办单位在会议费等费用中报销。

《财政部关于印发〈中央和国家机关会议费管理办法〉的通知》（财行〔2016〕214号）规定：

第六条　中央和国家机关会议分类如下：

一类会议。是以党中央和国务院名义召开的，要求省、自治区、直辖市、计划单列市或中央部门负责同志参加的会议。

二类会议。是党中央和国务院各部委、各直属机构，最高人民法院，最高人民检察院，各人民团体召开的，要求省、自治区、直辖市、计划单列市有关厅（局）或本系统、直属机构负责同志参加的会议。

三类会议。是党中央和国务院各部委、各直属机构，最高人民法院，最高人民检察院，各人民团体及其所属内设机构召开的，要求省、自治区、直辖市、计划单列市有关厅（局）或本系统机构有关人员参加的会议。

四类会议。是指除上述一、二、三类会议以外的其他业务性会议，包括小型研讨会、座谈会、评审会等。

第八条　一类会议会期按照批准文件，根据工作需要从严控制；二、三、四类会议会期均不得超过2天；传达、布置类会议会期不得超过1天。

会议报到和离开时间，一、二、三类会议合计不得超过2天，四类会议合计不得超过1天。

第九条　各单位应当严格控制会议规模。

一类会议参会人员按照批准文件，根据会议性质和主要内容确定，严格限定会议代表和工作人员数量。

二类会议参会人员不得超过300人，其中，工作人员控制在会议代表人数的15%以内；不请省、自治区、直辖市和中央部门主要负责同志、分管负责同志出席。

三类会议参会人员不得超过150人，其中，工作人员控制在会议代表人数的10%以内。

四类会议参会人员视内容而定，一般不得超过50人。

第十四条　会议费开支范围包括会议住宿费、伙食费、会议场地租金、交通费、文件印刷费、医药费等。

前款所称交通费是指用于会议代表接送站，以及会议统一组织的代表考察、调研等发生的交通支出。

会议代表参加会议发生的城市间交通费，按照差旅费管理办法的规定回单位报销。

第十五条　会议费开支实行综合定额控制，各项费用之间可以调剂使用。

会议费综合定额标准如下：

单位：元／人天

会议类别	住宿费	伙食费	其他费用	合计
一类会议	500	150	110	760
二类会议	400	150	100	650
三、四类会议	340	130	80	550

146．中央财政资金的差旅费支出内容和标准依据是什么？

关于中央财政资金差旅费用的支出，中央高校、科研院所按照本单位的相关管理规定执行。

非中央高校、科研院所的单位，按照财政部关于印发《中央和国家机关差旅费管理办法》的通知（财行〔2013〕531号）、财政部关于印发《中央和国家机关工作人员赴地方差旅住宿费标准明细表》的通知（财行〔2016〕71号）执行，财政部、科技部有关办法管理执行，不能高于相关标准，相关标准详见《中央和国家机关工作人员赴地方差旅住宿费标准明细表》的通知及附件。差旅管理按照财政部、科技部有关办法管理执行。

市内交通费、伙食补助参考财政部关于印发《中央和国家机关差旅费管理办法》的通知（财行〔2013〕531号）要求，市内交通费按出差自然（日历）天数计算，每人每天80元包干使用。伙食补助费每人每天100元，到青海、新疆、西藏出差每人每天120元。

《中共中央办公厅 国务院办公厅印发〈关于进一步完善中央财政科研项目资金管理等政策的若干意见〉》（中办发〔2016〕50号）规定：

改进中央高校、科研院所教学科研人员差旅费管理。中央高校、科研院所可根据教学、科研、管理工作实际需要，按照精简高效、厉行节约的原则，研究制定差旅费管理办法，合理确定教学科研人员乘坐交通工具等级和住宿费标准。对于难以取得住宿费发票的，中央高校、科研院所在确保真实性的前提下，据实报销城市间交通费，并按规定标准发放伙食补助费和市内交通费。

147．中央财政资金的国际合作交流费支出内容和标准依据是什么？

答

关于中央财政资金国际合作交流费用的支出，中央高校、科研院所按照本单位的相关管理规定执行；非中央高校、科研院所的单位，按照财政部、外交部关于印发《因公临时出国经费管理办法》的通知（财行〔2013〕516 号）、《财政部 外交部关于调整因公临时出国住宿费标准等有关事项的通知》（财行〔2017〕434 号文件）规定执行。

各国家和地区住宿费、伙食费、公杂费开支标准详见《财政部 外交部关于调整因公临时出国住宿费标准等有关事项的通知》及其附件，不能高于规定标准。

《科技部关于印发〈国家重点研发计划资金管理办法〉配套实施细则的通知》（国科发资〔2017〕261 号）规定：

国际合作交流费：是指项目（课题）实施过程中课题研究人员出国（境）及外国专家来华的费用。国际合作交流费应根据国际合作交流的类型，如项目（课题）研究人员出国（境）进行的学术交流、考察调研等，海外专家来华进行的技术培训、业务指导等，需确保相关活动与项目（课题）研究任务的相关性、必要性。

参加与项目（课题）研究任务相关的国内和国际学术交流会议的注册费，以及因项目（课题）研究任务需要，邀请国内外专家、学者和有关人员参加会议，对确需负担的城市间交通费、国际旅费、签证费等可列入会议／差旅／国际合作交流费科目列支。

出国（境）费用应按照国家的相关规定。外国专家来华工作发生的住宿费、差旅费，应参考国内同行专家的标准执行。

《财政部 外交部关于印发〈因公临时出国经费管理办法〉的通知》（财行〔2013〕516 号）、《财政部 外交部关于调整因公临时出国住宿费标准等有关事项的通知》（财行〔2017〕434 号文件）中要求：

（一）选择经济合理的路线。出国人员应当优先选择由我国航空公司运营的国际航线，由于航班衔接等原因确需选择外国航空公司航线的，应当事先报经单位外事和财务部门审批同意。不得以任何理由绕道旅行，或以过境名义变相增加出访国家和时间。

（二）按照经济适用的原则，通过政府采购等方式，选择优惠票价，并尽可能购买往返机票。

（三）因公临时出国购买机票，须经本单位外事和财务部门审批同意。机票款由本单位通过公务卡、银行转账方式支付，不得以现金支付。单位财务部门应当根据《航空运输电子客票行程单》等有效票据注明的金额予以报销。

（四）出国人员应当严格按照规定安排交通工具，不得乘坐民航包机或私人、企业和外国航空公司包机。

（五）省部级人员可以乘坐飞机头等舱、轮船一等舱、火车高级软卧或全列软席列车的商务座；司局级人员可以乘坐飞机公务舱、轮船二等舱、火车软卧或全列软席列车的一等座；其他人员均乘坐飞机经济舱、轮船三等舱、火车硬卧或全列软席列车的二等座。所乘交通工具舱位等级划分与以上不一致的，可乘坐同等水平的舱位。所乘交通工具未设置上述规定中本级别人员可乘坐舱位等级的，应乘坐低一等级舱位。上述人员发生的国际旅费据实报销。

（六）出国人员乘坐国际列车，国内段按国内差旅费的有关规定执行；国外段超过6小时以上的按自然（日历）天数计算，每人每天补助12美元。

第十条　出国人员根据出访任务需要在一个国家城市间往来，应当事先在出国计划中列明，并报本单位外事和财务部门批准。未列入出国计划、未经本单位外事和财务部门批准的，不得在国外城市间往来。出国人员的旅程必须按照批准的计划执行，其城市间交通费凭有效原始票据据实报销。

第十一条　住宿费按照下列规定执行：

（一）出国人员应当严格按照规定安排住宿，省部级人员可安排普通套房，住宿费据实报销；厅局级及以下人员安排标准间，在规定的住宿费标准之内予以报销。

（二）参加国际会议等的出国人员，原则上应当按照住宿费标准执行。如对方组织单位指定或推荐酒店，应当严格把关，通过询价方式从紧安排，超出费用标准的，须事先报经本单位外事和财务部门批准。经批准，住宿费可据实报销。

第十二条 伙食费和公杂费按照下列规定执行：

（一）出国人员伙食费、公杂费可以按规定的标准发给个人包干使用。包干天数按离、抵我国国境之日计算。

（二）根据工作需要和特点，不宜个人包干的出访团组，其伙食费和公杂费由出访团组统一掌握，包干使用。

（三）外方以现金或实物形式提供伙食费和公杂费接待我代表团组的，出国人员不再领取伙食费和公杂费。

（四）出访用餐应当勤俭节约，不上高档菜肴和酒水，自助餐也要注意节俭。

148．其他支出的预算编制使用需要注意哪些事项？

其他支出是指在项目（课题）实施过程中除上述支出范围（直接费用包含的支出范围）之外的其他相关支出。

预算编制时应注意以下事项。

（1）对项目（课题）研究过程中必须发生但不包含在直接费用中已有的科目中的支出，如财务验收审计费用、在农业、林业等领域发生的土地租赁费及青苗补偿费、在人口与健康领域发生的临床试验费等，可在其他支出中列支，应详细说明该支出与项目（课题）研究任务的相关性和必要性，并详细列示测算依据。

（2）不能与其他科目重复列支。

使用时应注意以下事项。

（1）不能列支与项目（课题）无关的支出，如各种罚款、捐款、赞助、投资等支出。

（2）课题列支的财务验收审计费用，应与审计业务约定书相符。不得列支财务咨询业务发生的费用。

149．劳务费的预算编制和使用需要注意哪些事项？

劳务费是指在项目实施过程中支付给参与项目的研究生、博士后、访

第7篇

问学者和项目聘用的研究人员、科研辅助人员等的劳务性费用，以及支付给临时聘请的咨询专家的费用等。

劳务费包括劳务性费用和专家咨询费。

预算编制时应注意以下事项。

（1）项目聘用人员劳务费开支标准，参照当地科学研究和技术服务业从业人员平均工资水平，根据其在项目研究中承担的工作任务确定，其由单位缴纳的社会保险补助、住房公积金等纳入劳务费科目开支。

（2）劳务费开支范围以外的人员不应在课题列支劳务费。因重点研发计划资金是对单位项目（课题）实施的补助，对于劳务费开支范围以外、不是为项目（课题）实施专门聘用的研究人员，如在项目（课题）立项前已签订劳动合同的人员，以及事业单位的在编人员，不应在重点研发计划资金的劳务费中列支，其相关费用可在项目（课题）间接费用的绩效支出中列支。项目（课题）聘用的访问学者、研究人员费用属于劳务性费用，不属于专家咨询费。

（3）专家咨询费按照财政部关于中央财政科研项目专家咨询费管理的有关规定编列。

使用时应注意以下事项。

（1）不能列支与项目（课题）无关的劳务费，比如与项目（课题）无关的会议劳务或专家咨询费。

（2）不能发放给有固定收入的项目（课题）组成员。

（3）项目聘用的访问学者、研究人员、科研辅助人员与项目（课题）研究内容相关，有劳务聘用合同、劳务派遣及聘用协议等支持性证据，资格认定、审批备案程序等支出依据材料完备。不能使用虚假劳动合同套取经费。

（4）专家咨询费不得支付给参与本项目及所属课题研究和管理的相关工作人员，可以给本单位不在课题组的专家发放，但应符合所在单位的有关管理要求。

（5）专家咨询费的管理按照国家有关规定执行。专家咨询费的发放表内容齐全，应包括姓名、职称（职务）、工作单位、身份证号、金额、咨询时间、咨询内容等。专家签字需要本人签字，视频会议可用电子签名，不能代签字。

（6）劳务费原则上应当通过银行转账方式结算。

（7）项目承担单位按照应发金额列支劳务费，扣除由单位代扣代缴个人所得税后的金额通过银行转账发放。

（8）列支费用应在项目执行期内发生。如预计将发生与项目（课题）绩效评价相关的专家咨询费支出，应在审计时提供预计支出说明。

150. 中央财政资金的专家咨询费支出标准依据是什么？

答

专家咨询费是指在项目（课题）实施过程中支付给临时聘请的咨询专家的费用。

（1）咨询专家是指承担单位在项目（课题）实施过程中，临时聘请为项目（课题）研发活动提供咨询意见的专业人员。包括高级专业技术职称人员和其他专业人员。

（2）专家咨询费应按照财政部关于中央财政科研项目专家咨询费管理的有关规定编列和执行，具体参照《中央财政科研项目专家咨询费管理办法》（财教科〔2017〕128号）执行。

《中央财政科研项目专家咨询费管理办法》（财教科〔2017〕128号）规定：

第六条 高级专业技术职称人员的专家咨询费标准为1500～2400元/人天（税后）；其他专业人员的专家咨询费标准为900～1500元/人天（税后）。

第七条 院士、全国知名专家，可按照高级专业技术职称人员的专家咨询费标准上浮50%执行。

第八条 本办法所指专家咨询活动的组织形式主要有会议、现场访谈或者勘察、通讯三种形式。

（1）以会议形式组织的咨询，是指通过召开专家参加的会议，征询专家的意见和建议。

（2）以现场访谈或者勘察形式组织的咨询，是指通过组织现场谈话，或者查看实地、实物、原始业务资料等方式征询专家的意见和建议。

（3）以通讯形式组织的咨询，是指通过信函、邮件等方式征询专家的意见和建议。

第九条　不同形式组织的专家咨询活动适用专家咨询费标准如下：

组织形式	会期		
	半天	不超过两天（含两天）	超过两天
会议	按照本办法第六条所规定标准的60%执行。	按照本办法第六条所规定的标准执行。	第一天、第二天：按照本办法第六条所规定的标准执行；第三天及以后：按照本办法第六条所规定标准的50%执行。
现场访谈或者勘察	按照上述以会议形式组织的专家咨询费相关标准执行。		
通信	按次计算，每次按照本办法第六条所规定标准的20%~50%执行。		

第十条　不同领域、相同专业技术职称的专家咨询费标准应当保持一致。

151. 中央财政资金的间接费用预算编制和使用需要注意哪些事项？

间接费用是指承担单位在组织实施项目过程中发生的无法在直接费用中列支的相关费用。主要包括承担单位为项目研究提供的房屋占用，日常水、电、气、暖等消耗，有关管理费用的补助支出，以及激励科研人员的绩效支出等。

预算编制时应注意以下事项。

中央财政资金的间接费用实行总额控制，按照不超过课题直接费用扣除设备购置费后的一定比例核定。具体比例如下。

(1) 500万元及以下部分为30%。

(2) 超过500万元至1000万元的部分为25%。

(3) 超过1000万元以上的部分为20%。

课题间接费用无需编制预算说明，项目间接费用由课题间接费用汇总而成。

使用时应注意以下事项。

(1) 间接费用的核算，可按项目（课题）承担单位制定的本单位管理核算办法，进行计提或逐笔列支。

（2）间接费用计提不能超出任务书预算金额，计提后直接费用中不能再发生属于间接费用范围支出。

（3）绩效支出安排应当与科研人员在项目工作中的实际贡献挂钩，绩效支出在间接费用中无比例限制。

（4）课题间接费用预算总额不得调增，经课题承担单位与课题负责人协商一致后，可调减用于直接费用；课题间接费用总额不变、课题参与单位之间调剂的，由课题承担单位与参与单位协商确定。

152．财务支出凭证上需要承担单位的课题（任务）负责人确认或审核签字吗？

答

项目（课题）承担单位和合作单位应建立项目（课题）支出审批制度，明确支出审批的权限、程序、责任和相关控制措施，明确经办人、项目（课题）负责人、授权批准人、审核（复核）人员的职责和工作要求。项目（课题）执行中应严格遵守单位所建立的审批制度，经办人、项目（课题）负责人、授权批准人、财务人员应按规定履行职责。

在《中央财政科技计划项目（课题）结题审计指引》中要求如下。

（1）关于项目（课题）资金管理与核算管理，要求项目（课题）资金需用于与本项目研究任务相关的支出，费用支出报销单证经过项目（课题）负责人或其授权人批准后，方可提交付款支出申请。

（2）关于项目（课题）直接费用管理，要求项目（课题）组办理项目（课题）直接费用支出时应提供相应的证据材料，项目（课题）承担单位相关层级审批人员需按职责权限审核批准。

为了确保项目（课题）资金使用与本项目研究任务的相关性，结合以上两条要求，建议用于项目研究任务支出的直接费用，承担单位项目（课题）负责人或其授权人进行签字。

153．项目组需要重点关注哪些特殊支出业务处理？

一般常规业务处理方案比较成熟，提醒项目组做好特殊支出业务处理，具体包括以下这些业务。

关于内部业务往来与关联交易。按照独立第三方交易原则，公平合理地处理好关联业务往来。受托方需具备相关资质或能力，业务委托程序规范、定价公平合理、业务执行流程和结果可追溯验证、相关证明资料真实完整。如单位内转测试化验加工费，需提供价格、数量、合同、报告。

关于账务调整。不得随意调账变动支出、随意修改记账凭证。合理必要的调整，需理由充分，程序合规，内控完善。

关于分摊费用。燃料动力费可分摊计入，需内容相关，分摊的依据真实、分摊计算方法科学合理。

关于无票据支出。对国内差旅费中的伙食补助费、市内交通费和难以取得发票的住宿费可实行包干制；对野外考察、心理测试等科研活动中无法取得发票或者财政性票据的，在确保真实性的前提下，可按实际发生额予以报销，单位应完善内控制度。

154. 如何进行预算调剂？

中央财政资金预算调剂按照财政部 科技部关于印发《国家重点研发计划资金管理办法》的通知（财教〔2021〕178号）规定执行。根据资金预算调整内容及权限分类处理。

对于项目其他来源资金，应当按照国家有关财务会计制度和相关资金提供方的具体使用管理要求，统筹安排和使用。在符合国家重点研发计划相关调整要求下，按照出资方要求执行。

项目其他来源资金总额不变、不同单位之间调剂，由项目牵头单位审批，报专业机构备案；项目其他来源资金总额不变、承担单位内部预算调剂的，按照出资方要求执行。

《财政部 科技部关于印发〈国家重点研发计划资金管理办法〉的通知》（财教〔2021〕178号）规定：

中央财政资金预算确有必要调剂时，应当按照以下调剂范围和权限，履行相关程序：

（一）项目预算总额调剂，项目预算总额不变、课题间预算调剂，变更课题承担单位、课题参与单位，由项目牵头单位或课题承担单位逐级向专业机构提出申请，专业机构审核评估后，按有关规定批准。

（二）课题预算总额不变、课题参与单位之间预算调剂的，由项目牵头单位审批，报专业机构备案；课题预算总额不变，设备费预算调剂的，由课题负责人或参与单位的研究任务负责人提出申请，所在单位统筹考虑现有设备配置情况和科研项目实际需求，及时办理审批手续。

（三）除设备费外的其他直接费用调剂，由课题负责人或参与单位的研究任务负责人根据科研活动实际需要自主安排。承担单位应当按照国家有关规定完善内部管理制度。

（四）课题间接费用预算总额不得调增，经课题承担单位与课题负责人协商一致后，可调减用于直接费用；课题间接费用总额不变、课题参与单位之间调剂的，由课题承担单位与参与单位协商确定。

对于项目其他来源资金总额不变、不同单位之间调剂的，由项目牵头单位自行审批实施，报专业机构备案。

155. 如何避免经费不合理支出？

 答

为了避免经费不合理支出，项目组需要关注以下事项。

(1) 完善科研资金制度建设。项目承担单位及时落实国家相关政策，制定内部管理办法，包括科研资金会计核算管理办法、预算调剂内部管理办法、科研资金支出管理办法、间接费用管理办法、科研人员绩效管理办法或者分配制度、项目（课题）公开相关办法、科研财务助理制度等。

(2) 规范项目资金使用管理。项目承担单位应按照项目（课题）任务书预算进行经费支出；根据项目执行情况如果需要预算调剂，及时提出调剂申请，履行符合要求的审核流程后再进行经费支出。

(3) 落实科研财务助理制度。每个课题应当配有相对固定的科研财务助理。科研财务助理应当熟悉重点研发计划项目和资金管理政策，以及承担单位科研管理制度及流程，为科研人员在项目预算编制和调剂、经费报销、项目综合绩效评价等方面提供专业化服务。

（4）**做好财务管理要求的宣贯**。项目组不定期组织国家重点研发计划重点专项的财务管理培训及宣贯工作。

（5）**适时开展经费检查**。在项目执行过程中邀请财务专家进行检查指导，及时发现有问题的经费支出，及时整改。

国家重点研发计划项目实施周期管理，在实施周期内，无年度预算执行和年底收回资金等相关要求，应避免"突击花钱"行为。结合国家重点研发计划项目经费管理使用实际，与"突击花钱"类似的情况主要有以下几种。

（1）以违规先行拨付支付等方式"套现提现"。以拨代支、虚列开支、违规先行拨付资金等套取、转移项目资金。

（2）巧立名目突击乱发钱、花钱。违规以专家业务咨询费、项目服务费、项目外协费等名目，高开或虚开列支费用。

（3）为规避预算执行考核，举办内容雷同的学术研讨会、交流会、讲座、论坛等各类线下活动等，集中产生大量不合理支出。

（4）开展"面子工程"、"形象工程"等，如因科研设备和仪器未合理共享使用而大量重复购置，以及产生大量与项目（课题）任务不相关的资金支出等。

此外，还包括在国家科技计划项目（课题）资金管理使用过程中，存在与"政策相符性、目标相关性、经济合理性"原则不符的其他情况。

156．如何避免经费使用滞后？

（1）项目牵头单位、课题承担单位及时拨付研究经费。

（2）项目组可根据研究进度制定合理的经费使用计划并按计划执行，如有变化及时进行调整，项目组及时跟踪检查。

（3）项目负责人、课题（任务）负责人、科研财务助理关注课题经费执行情况，及时解决导致经费不能支出的相关问题。

目前，按照最新的项目综合绩效评价相关要求，已取消"课题专项经费预算执行率每低于95%一个百分点，减少1分"的评议规则和"课题资金评议得分为80分及以下的，收回结余资金"的规定。建议项目组在经费与研究进度匹配、合规使用的前提下，不过分纠结经费预算执行率；专项经费预算执行率低于 50% 的，课题承担单位应在课题绩效自评价报告中详细说明原因。

157．如何管理与使用项目形成的资产？

在项目实施过程中，由采购、试制、研发形成的固定资产、无形资产等，项目组及项目承担单位应按照国家及本单位相关制度妥善管理，应在任务期内完成验收、交付使用、建立资产卡片、资产台账，积极发挥资产的作用，避免资源浪费与资产流失。

《财政部 科技部关于印发〈国家重点研发计划资金管理办法〉的通知》（财教〔2021〕178 号）规定：

项目实施过程中，行政事业单位使用中央财政资金形成的固定资产属于国有资产，应当按照国家有关国有资产管理的规定执行。企业使用中央财政资金形成的固定资产，按照《企业财务通则》等相关规章制度执行。

承担单位使用中央财政资金形成的知识产权等无形资产的管理，按照国家有关规定执行。

使用中央财政资金形成的大型科学仪器设备、科学数据、自然科技资源等，按照规定开放共享。

158．使用专项经费购买的设备、材料等增值税发票进项税能抵扣吗？

按照《中华人民共和国增值税暂行条例》，用于简易计税方法计税项目、免征增值税项目，购进货物（如设备、材料等）、劳务、服务（如测试、加工等）其进项税额不得从销项税额中抵扣。

具体由企业按照税法、与当地税务机关沟通结果和实际情况，自行决定是否抵扣。已抵扣的进项税额，不得再计入本项目设备、材料成本。

三、审计与评价

159. 国办发〔2021〕32号文发布后，在绩效评价阶段财务管理有哪些变化？

答

2021年8月13日，《国务院办公厅关于改革完善中央财政科研经费管理的若干意见》（国办发〔2021〕32号）发布后，《财政部 科技部关于印发〈国家重点研发计划资金管理办法〉的通知》（财教〔2021〕178号）、《科技部办公厅关于进一步完善国家重点研发计划项目综合绩效评价财务管理的通知》（国科办资〔2021〕137号）相继发布，涉及项目综合绩效评的主要变化有如下几项。

(1) 取消项目层面审计报告。为进一步简化优化科研项目验收结题财务管理，改变过去按课题、项目分别出具审计报告的方式，每个项目按课题出具审计报告后，不再出具项目层面审计报告。

(2) 开展取消结题财务审计试点。按照《关于改革完善中央财政科研经费管理的若干意见》要求，科技部将会同有关部门选择部分创新能力和潜力突出、创新绩效显著、科研诚信状况良好的中央高校、科研院所、企业进行试点，不再开展结题财务审计，其出具的项目资金决算报表作为项目综合绩效评价的依据。具体试点方案另行制定。

(3) 取消评前审查。本通知发布之日起，专业机构尚未开展或正在开展评前审查的，不再出具审查意见，经对综合绩效评价材料的完整性、合规性等进行形式审查后，直接进入综合绩效评价环节。

(4) 优化课题资金评议内容。优化预算执行方面资金评议标准，取消"课题专项经费预算执行率每低于95%一个百分点，减少1分"的评议规则。预算执行率（账面支出、应付未付和预计支出合计占中央财政资金比重）低于50%的，课题承担单位应在课题绩效自评价报告中详细说明原因。

(5) 改进课题结余资金管理。取消"课题资金评议得分为80分及以下的，收回结余资金"的规定。课题绩效评价和项目综合绩效评价结论均为"通过"的，课题结余资金留归承担单位使用，统筹用于科研活动的直接支出。课题绩效评价或项目综合绩效评价结论为"结题"或"未通过"的，结余资金由专业机构收回。

160．如何认定其他来源资金？其他来源资金和任务书金额不一致如何处理？

在项目申报时，项目组已明确其他来源资金的来源和金额，并在国家科技管理信息系统中提供了其他来源资金承诺书；在任务书签订时，项目任务书及课题任务书再次明确了其他来源资金的来源和金额。项目组和课题组应严格按照任务书履行关于其他来源资金的承诺。

认定其他来源资金的主要条件如下。

(1) 资金来源和金额与任务书一致。

(2) 有正式的任务书或合同等立项文件，研究内容与项目研究开发任务密切相关。

(3) 执行期在项目执行期之内。

(4) 研究经费用于本项目。

(5) 进行单独核算。

原则上不能自行调减其他来源资金预算总额，如果其他来源资金实际到位额、实际支出额大于任务书批复预算金额，经审计确认与本课题相关的部分，审计报告如实披露即可。

《财政部 科技部关于印发〈国家重点研发计划资金管理办法〉的通知》（财教〔2021〕178号）：

其他来源资金包括地方财政资金、单位自筹资金和从其他渠道获得的资金。

对于其他来源资金，应当充分考虑各渠道的情况，并提供资金提供方的出资承诺，不得使用货币资金之外的资产或其他中央财政资金作为资金来源。

对于项目其他来源资金总额不变、不同单位之间调剂的，由项目牵头单位自行审批实施，报专业机构备案。

161. 选择审计单位有什么要求？

按照《关于加强和改进国家重点研发计划项目（课题）结题审计相关工作的通知》（国科资函〔2021〕13号）要求，有意愿承接国家重点研发计划结题审计服务业务的会计师事务所，可自愿履行备案程序后开展相关工作。

课题承担单位应从《承接国家重点研发计划结题审计服务会计师事务所备案名单》中选择，对课题资金的管理使用情况开展课题结题审计。

162. 结题审计报告的主要作用是什么？主要涉及哪些内容？

根据中国注册会计师协会《中央财政科技计划项目（课题）结题审计指引》，结题审计报告应客观反映被审计项目（课题）承担单位及参与单位的科研项目（课题）资金投入、使用和管理的具体情况，同时披露审计中发现的问题并提出相关建议。结题审计报告为项目综合绩效评价提供重要依据，为科研资金监督和管理提供决策参考。

审计报告应当涉及以下方面。

（1）被审计单位是否按照经批准的任务书执行预算，预算调剂是否符合科研项目（课题）资金管理相关法律法规的要求，预算或其他来源的资金是否及时足额到位。

（2）被审计单位是否建立健全项目（课题）资金内部管理制度，主要包括：预算管理、资金管理、经费支出授权批准、财务报销管理、会计核算、资产管理、采购管理、合同管理、外拨经费管理、设备费管理、业务费管理、劳务费管理、绩效支出管理、结余资金管理等相关制度；科研财务助理制度落实情况，包括被审计单位是否为每个项目（课题）配有相对固定的科研财务助理，是否为科研人员在预算编制、经费报销等方面提供专业化服务；与科研资金管理相关的内部管理制度及实施是否符合党中央国务院制定的最新科研项目资金管理政策及有关部门制定的相关科研管理制度文件的规定。

（3）被审计单位是否按照适用的会计准则（或会计制）对科研项目（课题）资金进行核算和管理，将科研项目（课题）资金纳入单位财务统一管理，对中央财政资金和其他来源的资金在财务系统中分别单独核算,保证专款专用。

(4)被审计单位是否严格按照资金开支范围和标准办理和列支项目资金支出,不存在重大违规支出事项。

163. 项目资金管理违规事项包括哪些?

《国家重点研发计划资金管理办法》(财教〔2021〕178 号)和《中央财政科技计划项目(课题)结题审计指引》中指出,违规事项通常包括以下方面。

(1)编报虚假预算。

(2)未对中央财政资金和其他来源资金分别进行单独核算。

(3)列支与本项目任务无关的支出。

(4)未按规定执行和调剂预算、违反规定转拨重点研发计划资金。

(5)虚假承诺其他来源资金。

(6)通过虚假合同、虚假票据、虚构事项、虚报人员等弄虚作假,转移、套取、报销重点研发计划资金。

(7)截留、挤占、挪用重点研发计划资金。

(8)设置账外账、随意调账变动支出、随意修改记账凭证、提供虚假财务会计资料等。

(9)使用项目资金列支应当由个人负担的有关费用和支付各种罚款、捐款、赞助、投资,偿还债务等;

(10)其他违反国家财经纪律的行为。

资金使用出现严重违法违规问题的,给予取消项目评优资格、收回项目或课题资金、项目综合绩效评价不通过等处理。

164. 课题资金评议打分内容有哪些? 项目组需要关注哪些事项?

1)课题资金评议打分内容

(1)资金到位和拨付情况(30 分)。

①中央财政资金和其他来源资金到位情况。

②项目／课题承担单位是否按照任务进展对课题承担／参与单位及时足额拨付资金（如出现无故不拨专项经费影响课题任务执行；其他来源资金不到位影响任务执行等情况，该指标得 0 分）。

（2）会计核算和资金使用情况（40 分）。

①课题承担／参与单位的会计核算是否规范。

重点关注：专项资金和其他来源资金是否分别单独核算。

②支出与课题任务是否相关、经济合理，开支范围和标准是否符合规定。

③相关资产管理情况。

④财务档案保存情况。

（如出现挤占、挪用、套取、转移中央财政资金，提供虚假会计资料，拒不提供会计资料，存在问题拒不整改以及其他违反国家财经纪律行为的任意一种，该指标得 0 分）

（3）预算执行与调整情况（30 分）。

①专项经费预算调整是否履行规定的程序（15 分）。

项目预算总额调剂，项目预算总额不变、课题间预算调剂，变更课题承担单位、课题参与单位，由项目牵头单位或课题承担单位逐级向专业机构提出申请，专业机构审核评估后，按有关规定批准。

重点关注：根据科技部 财政部关于印发《国家重点研发计划管理暂行办法》的通知（国科发资〔2017〕152 号），变更项目牵头单位、课题承担单位并调整专项资金预算属于重大调整事项，如未取得批复自行调整，按不通过验收处理。

②专项经费预算执行是否明显过低（15 分，课题专项经费预算执行率低于 50% 的，由专家根据单位提供的说明进行判断打分，确无合理理由的，得 0 分）。

2）建议项目组关注事项

（1）专项资金及时足额拨付，其他来源资金足额到位。

（2）临近结题支出的设备费、材料费、加工费的合理性。

（3）专项经费、自筹经费分别单独核算。

（4）预算调整的及时性和规范性。

（5）大额调账事宜的合理合规性。

（6）财务支出明细账的规范性。

（7）支出经费与项目业务的相关性。

165．如何使用课题结余资金？

关于结余资金的使用，承担单位要加强结余资金管理，编制结余资金使用办法，健全结余资金盘活机制，加快资金使用进度，优先考虑原项目团队科研需求，比如支持原项目团队建立相关的自筹项目，持续进行深化研究。

《科技部办公厅关于进一步完善国家重点研发计划项目综合绩效评价财务管理的通知》（国科办资〔2021〕137号）规定：

绩效评价和项目综合绩效评价结论均为"通过"的，课题结余资金留归承担单位使用，统筹用于科研活动的直接支出。承担单位应优先考虑原项目团队科研需求，并加强结余资金管理，健全结余资金盘活机制，加快资金使用进度。课题绩效评价或项目综合绩效评价结论为"结题"或"未通过"的，结余资金由专业机构收回。

第8篇 评价篇

本篇导读

项目综合绩效评价是全面考核和检查项目完成情况的重要环节，是验证项目团队兑现承诺的重要形式，是团队向国家交卷的重要时刻。项目团队需要尽早着手准备，认真梳理和总结项目各项材料，高质量提炼创新点，如实充分地展示项目取得的成果。

按期保质完成项目任务书确定的目标和任务是顺利通过项目综合绩效评价的关键。本篇就项目综合绩效评价的过程和要求进行介绍，共计 17 个问题，希望能够帮助项目团队更好地完成项目综合绩效评价，取得好的成绩，为项目执行画上圆满的句号。

166．项目综合绩效评价的定位和主要内容是什么？

项目综合绩效评价是项目的重要环节和结点，是在项目完成一段时间后对项目研究任务、考核指标、完成质量及各方面效益的综合性评估。项目管理专业机构将严格按照项目任务书所确定的研究任务和考核指标以及其他实施成效进行综合评价，坚持目标导向，关注代表性成果和项目实施效果。

项目综合绩效评价工作中，合并技术验收和财务验收，在项目实施结束后实行一次性综合性绩效评价，考核项目任务完成情况和经费管理使用情况等方面。任务完成方面主要考核项目目标和考核指标的完成情况、成果效益、人才培养和组织管理等；经费管理使用方面主要考核承担单位项目资金拨付及到位、预算执行、科研经费管理制度执行情况和经费开支合规性等。

项目综合绩效评价由项目管理专业机构组织项目综合绩效评价专家组，采用同行评议、第三方评估和测试、用户评价、现场核查等方式开展工作。

167．国家重点研发计划项目综合绩效评价的国家文件、政策依据有哪些？

（1）科技部 财政部关于印发《国家重点研发计划暂行管理办法》的通知（国科发资〔2017〕152 号）。

（2）科技部办公厅关于印发《国家重点研发计划项目综合绩效评价工作规范（试行）》的通知（国科办资〔2018〕107 号）。

（3）科技部办公厅关于进一步完善国家重点研发计划项目综合绩效评价财务管理的通知（国科办资〔2021〕137 号）。

（4）财政部 科技部关于印发《国家重点研发计划资金管理办法》的通知（财教〔2021〕178 号）。

168．项目综合绩效评价的基本原则是什么？

根据科研项目绩效分类评价的要求，重点对项目目标和考核指标完成情况、研究成果的水平及创新性、成果示范推广及应用前景、项目组织管理和内部协作配合、人才培养等情况进行评价，以项目任务书为主要依据逐项检查。突出代表性成果和项目实施效果评价，不将"人才项目"、"头衔"、"帽子"、"论文数量"、"获得奖励"等作为评价指标。

基础研究与应用基础研究类项目重点评价新发现、新原理、新方法、新规律的重大原创性和科学价值、解决经济社会发展和国家安全重大需求中关键科学问题的效能、支撑技术和产品开发的效果、代表性论文等科研成果的质量和水平，以国际国内同行评议为主。

技术和产品开发类项目重点评价新技术、新方法、新产品、关键部件等的创新性、成熟度、稳定性、可靠性，突出成果转化应用情况及其在解决经济社会发展关键问题、支撑引领行业产业发展中发挥的作用。

应用示范类项目绩效评价以规模化应用、行业内推广为导向，重点评价集成性、先进性、经济适用性、辐射带动作用及产生的经济社会效益，更多采取应用推广相关方评价和市场评价方式。

在资金方面，重点对资金到位与拨付情况、会计核算与资金使用情况、预算执行与调整等情况进行评议，在此基础上确定课题专项资金结余，并由财务专家对课题资金评议打分。

169．项目综合绩效评价的时间节点要求有哪些？

答

（1）项目牵头单位和项目负责人在项目执行期结束后3个月内完成课题绩效评价工作和项目综合绩效评价相关材料提交。

（2）专业机构在收到项目综合绩效评价材料后6个月内完成项目综合绩效评价。

（3）综合绩效评价工作结束后3个月内，专业机构将项目综合绩效评价结论通知项目牵头单位，抄报科技部和项目牵头单位的主管部门。

（4）项目牵头单位在收到项目综合绩效评价结论1个月内，完成项目综合绩效评价材料和相关技术文件归档管理。

在项目综合绩效评价的准备方面，建议项目组提前筹划相关工作，提前完善技术材料，提前请审计公司介入。

项目综合绩效评价评价过程见图8-1。

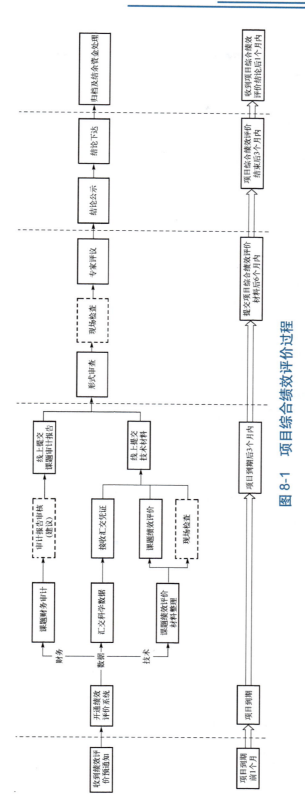

图 8-1 项目综合绩效评价过程

170．项目综合绩效评价的主要流程有哪些？

综合绩效评价有关工作分为课题绩效评价和项目综合绩效评价两个阶段，在完成课题绩效评价的基础上开展项目综合绩效评价。主要流程如下。

(1) 课题绩效评价。

(2) 课题结题审计。

(3) 项目综合绩效评价材料提交。

(4) 项目材料的形式审查。

(5) 专家评议。

(6) 综合绩效评价结论下达及其他事宜。

项目牵头单位负责组织课题绩效评价并对绩效评价结论负责，项目管理专业机构负责组织项目综合绩效评价。

171．如何进行课题绩效评价？

答

课题实施期满后，由项目牵头单位组织专家组对课题进行绩效评价。专家组在审阅资料、听取汇报、实地考察等基础上，按照任务书约定进行评价。

课题绩效评价结论分为通过、未通过和结题三类。

具体评价要求参见科技部办公厅关于印发《国家重点研发计划项目综合绩效评价工作规范（试行）》的通知（国科办资〔2018〕107号）。

《科技部办公厅关于印发〈国家重点研发计划项目综合绩效评价工作规范（试行〉的通知》（国科办资〔2018〕107号）要求：

项目下设各课题实施期满后，项目牵头单位组织对课题任务完成情况进行绩效评价。

(1) 项目牵头单位组建课题绩效评价专家组。专家组实行回避制度和诚信承诺，人数一般不少于7人，其中可包括重点专项专家委员会专家和专业机构聘请的项目责任专家。

(2) 专家组在审阅资料、听取汇报、实地考察等基础上，根据科研项目绩效分类评价的要求，按照任务书约定，对课题目标和考核指标完成情况、研究成果的水平及创新性、成果示范推广及应用前景、课题对项目总体目标的贡献、人才培养和组织管理等情况进行评价。评价时，既要总结成绩，又要分析存在的主要问题，并严格审核课题成果的真实性。

课题绩效评价结论分为通过、未通过和结题三类。

（1）按期保质完成课题任务书确定的目标和任务，为通过。

（2）因非不可抗拒因素未完成课题任务书确定的主要目标和任务，为未通过。

（3）因不可抗拒因素未完成课题任务书确定的主要目标和任务的，按结题处理。

（4）未按期提交材料的，提供的文件、资料、数据存在弄虚作假的，未按相关要求报批重大调整事项的，课题承担单位、参与单位或个人存在严重失信行为并造成重大影响的，拒不配合绩效评价工作的，均按未通过处理。

对于项目下不设课题或仅设置一个课题的情况，可不组织课题绩效评价。

关于课题绩效评价的建议：

（1）课题绩效评价是项目综合绩效评价的重要环节，是项目组对课题进行的正式评价，其评价结果作为项目绩效评价的组成部分，项目组及课题组需要高度重视。

（2）课题组认真准备课题绩效评价材料及相关工作，便于及时发现问题。

（3）项目结束后，项目组尽快启动课题绩效评价工作，向课题组提出明确的课题绩效评价要求，认真审核课题组提交的材料并提出意见，完成整改后召开课题绩效评价会议。

（4）项目组认真采纳课题绩效评价的意见和建议并积极整改，以利于项目综合绩效评价的完成。

（5）课题绩效评价时可提供课题审计报告，作为课题完成情况的佐证材料。

172．课题绩效自评价报告主要包括哪些内容？

答

课题绩效自评价报告主要内容包括课题目标和考核指标完成情况、重要成果、成果应用示范推广及产业化情况、一体化组织实施及管理运行情况、人才培养、资金使用情况等。

《科技部办公厅关于印发〈国家重点研发计划项目综合绩效评价工作规范（试行）〉的通知》（国科办资〔2018〕107号）要求：

各课题执行期结束后，课题承担单位应组织课题参与单位编制绩效自评价报告，课题承担单位和负责人应认真编制课题绩效自评价报告，经课题承担单位和课题负责人审核签字（盖章）后，提交项目牵头单位。

课题绩效自评价报告应围绕课题任务书的内容报告总体执行情况，具体包括课题目标和考核指标完成情况、重要成果、成果应用示范推广及产业化情况、一体化组织实施及管理运行情况、人才培养、资金使用情况等。

对课题主要研究内容和考核指标调整、课题承担／参与单位变更、课题负责人变更、项目骨干、课题执行期变更等调整情况进行说明；如出现课题执行过程中需报批的预算调整事项，以及资金未及时到位、停拨、迟拨等特殊情况，应详细说明原因。

关于课题绩效自评价报告的建议：

（1）突出课题成果对项目的支撑与贡献。

（2）重点阐明课题研究对学科／行业产生的重要影响，以及研究成果的转移转化和示范推广情况，人才、专利、技术标准战略在课题中的实施情况等。

（3）认真总结凝练创新点，突出重要成果。

173．如何进行课题结题审计？

课题实施期满后，课题承担单位应当聘请会计师事务所，开展课题结题审计。结题财务审计报告是项目绩效评价重要依据。

课题结题审计主要是对课题资金的管理使用情况进行审计。会计师事务所应严格按照《中央财政科技计划项目（课题）结题审计指引》要求，如实、准确、全面的开展结题审计，并向课题承担单位出具审计报告。课题承担单位如能提供本课题已接受有关政府审计、纪检等方面出具的报告，应当对相关结论予以采信。

审计业务执行完毕，事务所将审计报告及相关附件上传到结题审计服务系统存档，并经由系统打印带条形码审计报告提供委托方。对于项目下不设课题或仅设置一个课题的情况，直接出具项目审计报告。

课题承担单位应从在科技部"结题审计服务系统"完成备案的会计师事务所中选择，对课题资金的管理使用情况开展课题结题审计。课题承担单位应与会计师事务所签订审计协议，审计费用可从课题资金列支，在双方协商、公允透明、经济合理的原则下确定。

对于创新能力和潜力突出、创新绩效显著、科研诚信状况良好的承担单位，按程序认定后，可不再开展课题结题审计，其出具的项目资金决算报表，作为项目绩效评价的依据。承担单位对决算报表内容的真实性、完整性、准确性负责，专业机构适时组织抽查。

174. 项目综合绩效评价申请需要提交哪些材料？

项目牵头单位和项目负责人应在项目执行期结束后 3 个月内完成项目综合绩效评价材料准备工作，并通过国家科技管理信息系统向专业机构提交如下材料。

(1) 项目综合绩效自评价报告。

(2) 项目所有下设课题相关绩效评价材料及绩效评价意见。

(3) 项目实施过程中形成的知识产权和技术标准情况，包括专利、商标、著作权等知识产权的取得、使用、管理、保护等情况，国际标准、国家标准、行业标准等研制完成情况。

(4) 与项目任务相关的第三方检测报告或用户使用报告。

(5) 成果管理和保密情况，说明研究过程中公开发表论文和宣传报道、对外合作交流、接受外方资助等情况；保密项目和拟对成果定密的非保密项目还需说明成果定密的密级和保密期限建议、研究过程中保密规定执行情况等。

(6) 任务书中约定应呈交的科技报告。

(7) 科技资源汇交方案，根据《国务院办公厅关于印发科学数据管理办法的通知》的要求和指南规定需要汇交的数据，应提交由有关方面认可的科学数据中心出具的汇交凭证；对于项目实施过程中形成的科技文献、科学数据、具有宣传与保存价值的影视资料、照片图表、购置使用的大型科学仪器、设备、实验生物等各类科技资源，应提出明确的处置、归属、保存、开放共享等方案。

(8) 审计报告和相关补充说明材料等（审计报告由会计师事务所上传）。

175. 项目综合绩效自评价报告主要包括哪些内容？

项目综合绩效自评价报告主要包括项目目标和考核指标完成情况、获得的重要成果、成果应用示范推广及产业化情况、组织管理和人才培养等情况，以及资金使用情况等。

按照科技部办公厅关于印发《国家重点研发计划项目综合绩效评价工作规范（试行）》的通知（国科办资〔2018〕107号）要求：

项目各课题绩效评价结束后，由项目牵头单位组织项目参与单位编制项目综合绩效自评价报告，经项目牵头单位及项目负责人审核后，登陆国家科技管理信息系统公共服务平台在线填写，并提交专业机构审核确认。填报完毕后，由项目负责人签字，项目牵头单位盖章后，报送专业机构。项目综合绩效自评价报告应围绕项目任务书的内容报告总体执行情况，具体包括项目目标和考核指标完成情况、获得的重要成果、成果应用示范推广及产业化情况、组织管理和人才培养等情况，以及资金使用情况等。

对项目主要研究内容和考核指标调整、项目牵头单位/课题承担单位/课题参与单位变更、项目/课题负责人变更、项目骨干变更、项目（课题）执行期变更等调整情况进行说明。

关于项目综合绩效自评价报告的建议：

(1) 明确各项成果的实际完成指标状态。

(2) 总结项目的成果，包括具有代表性的论文、专利、标准等。

(3) 内容不能是各课题绩效自评价报告的简单堆砌，应认真凝练项目创新点，突出项目的标志性成果。

176. 如何准备项目综合绩效评价专家评议？

项目综合绩效评价专家评议是由项目管理专业机构组织，项目组参加的最后一次正式会议，是验证项目组兑现承诺的重要形式，主要目标是核查项目预期目标实现程度，重点对项目目标和考核指标完成情况、研究成果的水平及创新性、成果示范推广及应用前景、项目组织管理和内部协作配合、人才培养等情况进行评价；在资金方面，重点对资金到位与拨付情况、会计核算与资金使用情况、预算执行与调整等情况进行评议。

1) 专家评议需要准备的材料

(1) 会议通知。

(2) 会议指南。

(3) 项目任务书。

(4) 项目综合绩效自评价报告。

(5) 项目科技报告。

(6) 项目负责人汇报材料。

(7) 项目重大成果证明与支撑材料。

(8) 项目组织管理材料。

(9) 财务部分材料。

(10) 专业机构要求或项目组有必要提供的其他材料。

2) 专家评议的一般环节

(1) 预备会。

(2) 现场检查、测试。

(3) 财务检查。

(4) 项目汇报。

(5) 相关方（第三方测试机构、用户代表）汇报。

(6) 专家质询。

(7) 专家评议。

(8) 意见初步反馈。

3) 专家评议的参加人员

项目管理专业机构、项目评议专家组、项目负责人及团队成员、承担课题审计的会计师事务所主审人员、项目承担单位及相关单位领导专家。

为便于有关部门及时掌握专项实施成效、推动后续成果的转化应用，项目综合绩效评价时一般应邀请科技部计划管理司局、业务司局等相关司局和有关部门、地方参加。

4）专家评议的建议

（1）项目组尽早着手，认真细致的准备项目绩效评价所需要材料，不要将非项目成果列入，杜绝出现科研诚信问题。

（2）高度重视中期检查、年度汇报及课题绩效评价中发现的问题，并在项目综合绩效评价前完成整改。

（3）发现的财务方面问题提前与专业机构、财务专家和审计单位充分沟通。

（4）项目组提前与专业机构、专家讨论专家评议具体流程以及测试验证方法等相关事项。

（5）项目组做好专家评议过程中可能出现的突发情况应对预案，比如极端天气，系统运行故障等，确保评议过程安全、顺利。

177．如何准备项目综合绩效评价材料？

答

项目组应根据项目综合绩效评价通知的要求，认真、细致、全面、严谨的准备相关材料。

相关材料准备建议如下。

（1）项目汇报材料从项目层面整体准备，将各课题研究成果有机结合，由项目负责人统一汇报。

（2）提交的综合绩效评价材料加强成果凝练，避免把课题成果材料进行简单堆砌，认真提炼项目创新点。

（3）建立材料清单，对成册材料进行分类编号，便于核对查找。

（4）成册材料有目录，条理清晰，风格统一。

（5）论文、专利、标准、第三方测试报告等材料符合任务书要求。

（6）科技报告、专题报告等技术报告覆盖任务书规定的所有内容，不要有内容缺失，技术报告经过规定的审批环节。

（7）项目全过程材料分类梳理清楚，备查。

（8）项目组可通过视频、录像等形式充分展示项目成果。

178．财务检查主要检查哪些内容？

财务检查主要检查以下内容。

(1) 资金到位和拨付情况。

(2) 会计核算和资金使用情况。

(3) 预算执行与调整情况。

以下事项为重点检查。

(1) 专项资金和其他来源资金是否分别单独核算。

(2) 未按相关要求报批重大调整事项。

(3) 无故不拨专项经费影响课题任务执行，自筹资金不到位影响任务执行等情况。

(4) 挤占、挪用、套取、转移专项资金，提供虚假会计资料，拒不提供会计资料，存在问题拒不整改以及其他违反国家财经纪律行为等情况。

(5) 专项经费预算调整未履行规定的程序。

(6) 专项经费预算执行过低（执行率低于 50%，无合理理由）。

详细的课题资金评议打分内容见财务篇。

179．项目综合绩效评价的结论有哪些？

项目综合绩效评价结论分为通过、未通过和结题三类。对于通过综合绩效评价的项目，绩效等级分为优秀、合格两档。

《科技部办公厅关于印发〈国家重点研发计划项目综合绩效评价工作规范（试行）〉的通知》（国科办资〔2018〕107 号）要求：

项目综合绩效评价结论分为通过、未通过和结题三类。对于通过综合绩效评价的项目，绩效等级分为优秀、合格两档。

(1) 按期保质完成项目任务书确定的目标和任务，为通过。

(2) 因非不可抗拒因素未完成项目任务书确定的主要目标和任务，为未通过。

(3) 因不可抗拒因素未完成项目任务书确定的主要目标和任务的，按结题处理。

(4) 未按任务书约定提交科技报告或未按期提交材料的，提供的文件、资料、数据存在弄虚作假的，未按相关要求报批重大调整事项的，项目牵头单位、课题承担单位、参与单位或个人存在严重失信行为并造成重大影响的，拒不配合综合绩效评价工作或逾期不开展课题绩效评价的，均按未通过处理。

对于通过综合绩效评价的项目，平均得分 90 分及以下的，绩效等级为合格；由专业机构根据综合绩效评价情况，在平均得分 90 分以上的项目中，确定绩效等级为优秀的项目，且每个重点专项中，绩效等级为优秀的项目比例不超过 15%。

180．哪些情况下结余资金由专业机构收回？

按照科技部办公厅关于印发《国家重点研发计划项目综合绩效评价工作规范（试行）》的通知（国科办资〔2018〕107 号）和《科技部办公厅关于进一步完善国家重点研发计划项目综合绩效评价财务管理的通知》（国科办资〔2021〕137 号）要求：

存在下列情况之一的，课题结余资金由专业机构收回。

(1) 课题绩效评价结论为结题或未通过的。

(2) 课题承担单位信用评价差的。

(3) 项目综合绩效评价结论为结题或未通过的，项目下所有课题结余由专业机构收回。

对于资金使用出现严重违法违规问题的，由项目综合绩效评价专家组（含技术和财务专家）进行合议，区分主观过错、性质、情节和危害程度，给予取消项目评优资格、收回项目或课题资金、不得通过项目综合绩效评价等处理意见。

181．项目综合绩效评价完成后项目组后续还有哪些事宜？

(1) 按照项目管理专业机构和专家评议意见做好项目的完善工作。

（2）按照项目管理专业机构要求完成项目资料归档；要求在收到项目综合绩效评价结论后 1 个月内，将项目综合绩效评价材料和相关技术文件归档管理。涉及科技报告、数据汇交、技术标准、成果管理、档案管理等事宜，按照有关管理规定执行。

（3）关于结余经费的使用，参照财务篇。对于需上交的课题专项资金结余，项目牵头单位应及时收缴课题承担单位的结余，并汇总后上交专业机构。结余资金上交应在项目牵头单位收到综合绩效评价结论后 1 个月内完成。

（4）项目牵头单位应做好项目全过程资料的保存。一方面有利于做好项目成果的推广应用等工作，另一方面方便后续检查。

182. 随机检查主要检查哪些事项？

在项目执行过程中和项目综合绩效评价完成后，科技部或科技部委托相关单位都有可能对项目进行随机检查，也称"飞行检查"。

随机检查的内容主要包括：项目（课题）任务书履行情况、专项经费使用情况、承担单位法人责任落实及内控制度建设情况，以及近年出台的重要科技政策文件落实情况等。

随机检查工作将成果导向摆在"第一位置"，以项目任务书为依据，聚焦项目核心任务完成情况、关键成果产出和效果，重点对项目核心任务的"里程碑"式研发进展，阶段性成果的创新水平、技术就绪度、产业应用、效果影响等情况进行检查。对于具有多项成果的，选取 3~5 项代表性的成果进行查验。

检查主要以现场检查方式开展，对任务书约定的标志性成果进行现场检验，抽取财务账目，调阅相关资料和制度文件，进行交流访谈等，视情况开展远程音频视频问询、延伸检查等。为切实落实减负要求，不需要被检查项目单位事先专门提供汇报材料、作 PPT 汇报等。

篇 后 语

从构思到动笔，从写作到完成，这本书前后历经三年。三年多来，真心感谢大家的鼓励与支持，也为我们的坚持不懈而感动，这里有我们的思考、汗水、情怀和美好岁月时光，我们竭诚为广大科研同行提供一本有质量、有价值、有实用的参考书。只要条件允许和发展需要，我们会持续关注国家重点研发计划项目的研究与执行，不断总结经验与教训，与各位读者积极交流沟通。

这本书只是一个起点，我们想说的是：

希望这本书能够越来越厚，能够帮我们科研工作者、项目管理者妥善应对与解决遇到的疑惑，一书在手，就能轻松搞定！这是我们的愿望！

希望这本书能够越来越薄，能够让我们科研工作者、项目管理者在科学的世界里自由的翱翔，无书在手，也能坦途在前！这是我们的理想！

"天下好书，当天下人共之"，科研与管理工作做好了，需要及时总结经验，持续提升，以期推动更多的新成果产出。欢迎广大读者和我们联系，我们的邮箱是 gjzdyfjhxm@163.com，批评与鼓励，我们都诚挚地欢迎。我们一起肩负起科研与管理工作者的使命与担当，持续完善这本书，更好地为大家服务，为我国的科技事业贡献自己的力量。

每一串汗水换每一个成就。我们会甘于无名，继续奋力向前，哪怕路途正难，逆水行舟，必将抵达胜利彼岸，或者被不断地向后推移，回到我们的往昔岁月，依旧桃李风华。

作　者

2022 年 12 月 15 日